Caroline Übel

**Die Rolle von Tyk2 in einem murinen Modell allergischen Asthmas**

Caroline Übel

# Die Rolle von Tyk2 in einem murinen Modell allergischen Asthmas

Immunologische Analyse

Südwestdeutscher Verlag für Hochschulschriften

**Impressum/Imprint (nur für Deutschland/only for Germany)**
Bibliografische Information der Deutschen Nationalbibliothek: Die Deutsche Nationalbibliothek verzeichnet diese Publikation in der Deutschen Nationalbibliografie; detaillierte bibliografische Daten sind im Internet über http://dnb.d-nb.de abrufbar.

Alle in diesem Buch genannten Marken und Produktnamen unterliegen warenzeichen-, marken- oder patentrechtlichem Schutz bzw. sind Warenzeichen oder eingetragene Warenzeichen der jeweiligen Inhaber. Die Wiedergabe von Marken, Produktnamen, Gebrauchsnamen, Handelsnamen, Warenbezeichnungen u.s.w. in diesem Werk berechtigt auch ohne besondere Kennzeichnung nicht zu der Annahme, dass solche Namen im Sinne der Warenzeichen- und Markenschutzgesetzgebung als frei zu betrachten wären und daher von jedermann benutzt werden dürften.

Coverbild: www.ingimage.com

Verlag: Südwestdeutscher Verlag für Hochschulschriften GmbH & Co. KG
Heinrich-Böcking-Str. 6-8, 66121 Saarbrücken, Deutschland
Telefon +49 681 37 20 271-1, Telefax +49 681 37 20 271-0
Email: info@svh-verlag.de

Zugl.: Erlangen, FAU, Diss., 2011

Herstellung in Deutschland (siehe letzte Seite)
**ISBN: 978-3-8381-3134-4**

**Imprint (only for USA, GB)**
Bibliographic information published by the Deutsche Nationalbibliothek: The Deutsche Nationalbibliothek lists this publication in the Deutsche Nationalbibliografie; detailed bibliographic data are available in the Internet at http://dnb.d-nb.de.

Any brand names and product names mentioned in this book are subject to trademark, brand or patent protection and are trademarks or registered trademarks of their respective holders. The use of brand names, product names, common names, trade names, product descriptions etc. even without a particular marking in this works is in no way to be construed to mean that such names may be regarded as unrestricted in respect of trademark and brand protection legislation and could thus be used by anyone.

Cover image: www.ingimage.com

Publisher: Südwestdeutscher Verlag für Hochschulschriften GmbH & Co. KG
Heinrich-Böcking-Str. 6-8, 66121 Saarbrücken, Germany
Phone +49 681 37 20 271-1, Fax +49 681 37 20 271-0
Email: info@svh-verlag.de

Printed in the U.S.A.
Printed in the U.K. by (see last page)
**ISBN: 978-3-8381-3134-4**

Copyright © 2012 by the author and Südwestdeutscher Verlag für Hochschulschriften GmbH & Co. KG and licensors
All rights reserved. Saarbrücken 2012

# INHALTSVERZEICHNIS

*INHALTSVERZEICHNIS* .................................................................................. *I*
*ABKÜRZUNGSVERZEICHNIS* ..................................................................... *V*
*1   ZUSAMMENFASSUNG* ............................................................................ *1*
*2   SUMMARY* ................................................................................................ *3*
*3   EINLEITUNG* ............................................................................................ *5*
   3.1    Tyrosinkinase 2 ................................................................................... 5
       3.1.1    JAK-STAT-Signaltransduktion ............................................... 5
       3.1.2    Immunpathologie der Tyrosinkinase 2 .................................... 8
   3.2    Asthma bronchiale ............................................................................. 10
   3.3    Pathogenese des allergischen Asthmas .............................................. 13
       3.3.1    $CD4^+$-T-Lymphozyten ....................................................... 13
       3.3.2    $CD8^+$-T-Lymphozyten ....................................................... 20
       3.3.3    Gamma-delta-T-Lymphozyten ............................................... 20
       3.3.4    B-Lymphozyten ...................................................................... 21
       3.3.5    NK- und NKT-Zellen ............................................................. 21
       3.3.6    Natürliche Helferzellen .......................................................... 22
       3.3.7    Granulozyten .......................................................................... 23
       3.3.8    Dendritische Zellen ................................................................ 24
       3.3.9    Mastzellen .............................................................................. 25
       3.3.10  Makrophagen ......................................................................... 26
   3.4    Therapie des allergischen Asthmas ................................................... 27
   3.5    Tyrosinkinase 2 in allergischem Asthma .......................................... 28
*4   PROBLEMSTELLUNG DER ARBEIT* .................................................. *29*
*5   MATERIAL UND METHODEN* ............................................................. *31*
   5.1    Material .............................................................................................. 31
       5.1.1    Laborgeräte ............................................................................ 31
       5.1.2    Chemikalien ........................................................................... 32
   5.2    Methoden ........................................................................................... 35

| | | | |
|---|---|---|---|
| 5.2.1 | | *In vivo* Arbeiten | 35 |
| | 5.2.1.1 | Genotypisierung | 35 |
| | 5.2.1.2 | Induktion allergischen Asthmas | 36 |
| | 5.2.1.3 | Messung des Atemwegswiderstands | 37 |
| | 5.2.1.4 | Gewinnung der Bronchoalveolären Lavage (BAL) | 39 |
| 5.2.2 | | Primärzellkulturen aus der Maus | 39 |
| | 5.2.2.1 | Organpräparation | 39 |
| | 5.2.2.2 | Gesamtzellisolation | 40 |
| | 5.2.2.3 | Immunmagnetische Zellseparation | 40 |
| 5.2.3 | | Zellkultur | 42 |
| | 5.2.3.1 | Zytokinfreisetzung | 42 |
| | 5.2.3.2 | Th17 Skewing | 42 |
| 5.2.4 | | Histologie | 43 |
| 5.2.5 | | Western Blot | 44 |
| | 5.2.5.1 | Proteinextraktion | 44 |
| | 5.2.5.2 | Proteinbestimmung | 45 |
| | 5.2.5.3 | SDS-PAGE | 45 |
| | 5.2.5.4 | Protein Blot | 46 |
| | 5.2.5.5 | Immunodetektion | 47 |
| 5.2.6 | | Analyse der Genexpression | 48 |
| | 5.2.6.1 | RNA-Extraktion | 48 |
| | 5.2.6.2 | cDNA-Synthese | 49 |
| | 5.2.6.3 | Quantitative real-time PCR (qPCR) | 50 |
| 5.2.7 | | Enzyme linked Immunosorbent Assay (ELISA) | 53 |
| 5.2.8 | | Durchflusszytometrie | 55 |
| 5.2.9 | | Statistik | 58 |

**6 ERGEBNISSE** ............................................................................................................. **59**

6.1 Tyk2-defiziente Mäuse zeigen einen schwereren Phänotyp in einem murinen Modell allergischen Asthmas als Wildtyp-Mäuse .................................................................. 59

6.1.1 Tyk2-Defizienz hat keinen Einfluss auf die Atemwegshyperreagibilität ........ 59

6.1.2 Tyk2-Defizienz beeinflusst die Entzündung der Atemwege negativ .............. 60

| 6.1.3 | Tyk2-Defizienz führt zu einer erhöhten Anzahl eosinophiler Granulozyten in der bronchoalveolären Lavage .................... 62 |
|---|---|
| 6.1.4 | Tyk2-Defizienz bewirkt erhöhte IgE-Spiegel im Serum .................... 65 |
| 6.1.5 | Tyk2-Defizienz induziert die Sekretion von Th2-Zytokinen in der Lunge ..... 66 |
| 6.1.6 | Erhöhter Mastzellanteil in der Lunge bei Tyk2-Defizienz .................... 69 |

6.2  Tyk2-Defizienz beeinträchtigt die Funktionalität von regulatorischen T-Lymphozyten. .................... 72

| 6.2.1 | Tyk2-Defizienz hat keinen Einfluss auf den Anteil der $T_{reg}$ in der Lunge ....... 72 |
|---|---|
| 6.2.2 | Die Produktion von IL-10 ist antigen-abhängig .................... 74 |
| 6.2.3 | Tyk2-Defizienz induziert die Anzahl GITR$^+$-T-Lymphozyten .................... 75 |
| 6.2.4 | Die Behandlung mit anti-GITR reduziert die Zahl der $T_{reg}$ .................... 77 |

6.3  Tyk2-Defizienz hemmt die Differenzierung zu Th17-Lymphozyten .................... 80

| 6.3.1 | Tyk2-Defizienz inhibiert die Differenzierung naiver CD4$^+$-T-Lymphozyten zu Th17-Zellen *in vitro* .................... 80 |
|---|---|
| 6.3.2 | Der Einfluss der Tyk2-Defizienz auf die Th17-induzierenden Zytokine ist im Asthma-Modell unterschiedlich stark ausgeprägt .................... 82 |
| 6.3.3 | *In vivo* inhibiert die Tyk2-Defizienz die Produktion von IL-17A in einem murinen Modell allergischen Asthmas .................... 84 |
| 6.3.4 | Rekombinantes IL-17A induziert Atemwegshyperreagibilität und Neutrophilie 90 |
| 6.3.5 | IL-17A hat keinen Einfluss auf die bronchiale Entzündung sowie die IgE-Produktion .................... 92 |
| 6.3.6 | IL-17A reduziert die Produktion von Th2-Zytokinen in Tyk2-defizienten Mäusen .................... 94 |
| 6.3.7 | Die Gabe von IL-17A führt zu einem Rückgang regulatorischer T-Lymphozyten .................... 96 |
| 6.3.8 | IL-1β kann IL-17A-Produktion in Tyk2-defizienten Mäusen induzieren ....... 97 |
| 6.3.9 | Rekombinantes IL-1β erhöht die Atemwegshyperreagibilität .................... 98 |
| 6.3.10 | IL-1β induziert die Produktion von IL-17A .................... 102 |

**7  DISKUSSION .................... 109**

7.1  Tyk2 ist protektiv für die Pathogenese des Asthma bronchiale .................... 110

| 7.1.1 | Tyk2 hat keinen Einfluss auf die Ausprägung der Atemwegshyperreagibilität... .................... 110 |
|---|---|
| 7.1.2 | Tyk2 inhibiert die Ausprägung der Asthma-Symptomatik .................... 111 |

| | | |
|---|---|---|
| 7.1.3 | Verminderte Mastzellrekrutierung in die Lunge ist Tyk2-abhängig ............ 113 | |
| 7.2 | Tyk2 trägt zur Funktionalität von regulatorischen T-Lymphozyten bei ............... 114 | |
| 7.2.1 | Tyk2 hat keinen Einfluss auf den Anteil der $T_{reg}$ in der Lunge ................... 114 | |
| 7.2.2 | Die Produktion von IL-10 ist antigen-abhängig ............................................ 114 | |
| 7.2.3 | Tyk2 inhibiert die Anzahl $GITR^+$-T-Lymphozyten ....................................... 116 | |
| 7.3 | Tyk2 ist an der Differenzierung zu Th17-Lymphozyten beteiligt ......................... 117 | |
| 7.3.1 | Tyk2 ist entscheidend an der Differenzierung naiver $CD4^+$-T-Lymphozyten zu Th17-Zellen *in vitro* beteiligt ..................................................................... 117 | |
| 7.3.2 | *In vivo* induziert Tyk2 die Produktion von IL-17A in einem murinen Modell allergischen Asthmas ................................................................................. 118 | |
| 7.3.3 | Rekombinantes IL-17A induziert Atemwegshyperreagibilität und Neutrophilie .................................................................................................................... 120 | |
| 7.3.4 | IL-17A hat keinen Einfluss auf die bronchiale Entzündung sowie die IgE-Produktion ............................................................................................. 120 | |
| 7.3.5 | IL-17A reduziert die Produktion von Th2-Zytokinen in Tyk2-defizienten Mäusen ........................................................................................................ 121 | |
| 7.3.6 | Die Gabe von IL-17A führt zu einem Rückgang regulatorischer T-Lymphozyten ......................................................................................... 122 | |
| 7.3.7 | IL-1β kann IL-17A-Produktion in Tyk2-defizienten Mäusen induzieren ..... 122 | |
| 7.3.8 | Rekombinantes IL-1β führt zu einem schwereren Phänotyp des Asthma bronchiale ................................................................................................... 123 | |
| 7.3.9 | Rekombinantes IL-1β induziert die IL-17A-Produktion *in vivo* ................... 124 | |

8 *LITERATURVERZEICHNIS* .............................................................................. *127*
9 *ABBILDUNGSVERZEICHNIS* ........................................................................... *141*
10 *TABELLENVERZEICHNIS* ................................................................................ *145*
11 *EIGENE PUBLIKATIONEN* ............................................................................... *147*

# ABKÜRZUNGSVERZEICHNIS

| | |
|---|---|
| AAM | *alternatively activated macrophages* (alternativ aktivierte Makrophagen) |
| AP | *activator protein* |
| APS | Ammoniumperoxodisulfat |
| AHR | Atemwegshyperreagibilität |
| Alum | Aluminiumkaliumdisulfat |
| BAL | Bronchoalveoläre Lavage |
| BALF | Bronchoalveoläre Lavageflüssigkeit |
| BATF | *B cell activating transcription factor* |
| bp | Basenpaare |
| BSA | *bovine serum albumine* (Rinder-Serumalbumin) |
| CAM | *classically activated macrophages* (klassisch aktivierte Makrophagen) |
| CD | *cluster of differentiation* |
| cDNA | *copy DNA* |
| DC | *dendritic cells* |
| DNA | Desoxyribonukleinsäure |
| dNTPs | Deoxy-Nukleosid Triphosphate |
| ECL | *enhanced chemiluminescence* |
| EDTA | Ethylendiamintetraessigsäure |
| ELISA | *enzyme linked immuno sorbent assay* |
| et al. | *et alii* |
| FCS | *fetal calf serum* (Fötales Kälberserum) |
| Foxp3 | *forkhead box protein 3* |
| fwd | *forward* (Vorwärtssequenz eines Primers) |
| GATA-3 | *GATA-binding protein 3* |
| GITR | *glucocorticoid induced TNF receptor* |
| HE | Haematoxylin-Eosin |
| HPRT | Hypoxanthin-Phosphoribosyl-Transferase |
| HRP | *horseradish peroxidase* (Meerrettichperoxidase) |
| i.n. | intranasal |
| i.p. | intraperitoneal |
| IFN | Interferon |
| Ig | Immunglobulin |
| IL | Interleukin |
| IRF | *interferon regulatory factor* |
| JAK | Januskinase |
| LPS | Lipopolysaccharid |
| MACS | *magnetic activated cell sorting* |
| MCh | Methacholin |
| mDCs | *myeloid dendritic cells* |
| MHC | *major histocompatibility complex* |
| mRNA | *messenger RNA* |
| NFκB | *nuclear factor 'kappa-light-chain-enhancer' of activated B-cells* |
| NK-Zelle | natürliche Killerzelle |
| NKT-Zelle | natürlicher Killer T-Lymphozyt |
| n.s. | nicht signifikant |
| OVA | Ovalbumin |
| p | Irrtumswahrscheinlichkeit |
| PAGE | Polyacrylamid-Gelelektrophorese |
| PBS | *phosphate buffered saline* |

| | |
|---|---|
| pDC | *Plasmacytoid dendritic cells* |
| $P_{enh}$ | *pause enhanced* |
| PMA | Phorbol-12-myristate 13-acetate |
| qPCR | *quantitative real-time polymerase chain reaction* |
| rev | *reverse* (Rückwärtssequenz eines Primers) |
| RNA | Ribonukleinsäure |
| ROR | RAR-related orphan receptor |
| rpm | *revolutions per minute* (Umdrehungen pro Minute) |
| RPMI | Roswell Park Memorial Institute Medium |
| s.e.m. | *standard error of the mean* (Standardfehler) |
| SDS | Natriumdodecylsulfat |
| SOCS | *suppressor of cytokine signaling* |
| STAT | *signal transducers and activators of transcription* |
| Tbet | *T-box expressed in T cells* |
| TEMED | N,N,N´,N´-Tetramethylendiamin |
| TGFβ | *transforming growth factor β* |
| Th | T-Helferzelle |
| TLR | *toll-like receptor* |
| TMB | 3,3'5,5'Tetramethylbenzidin |
| TNFα | Tumornekrosefaktor α |
| $T_{reg}$ | regulatorische T-Zelle |
| TRIS | Tris-(hydroxymethyl)-aminomethan |
| TSLP | *thymic stromal lymphopoietin* |
| Tyk2 | Tyrosinkinase 2 |
| u.a. | unter anderem |
| z.B. | zum Beispiel |
| α | anti |

# 1 ZUSAMMENFASSUNG

In der vorliegenden Arbeit sollte die Rolle der Tyrosinkinase 2 (Tyk2) in einem murinen Modell allergischen Asthmas genauer beschrieben werden und dabei besonders Wert auf die Interaktion der einzelnen T-Lymphozyten-Populationen gelegt werden. Im Vordergrund standen dabei Th2-, Th17- sowie regulatorische T-Lymphozyten ($T_{reg}$).

Tyk2 ist als Mitglied der Janus-Protein-Tyrosin-Kinasen (JAK) entscheidend an der Signaltransduktion einer Reihe von Zytokinen beteiligt, darunter sind „Interferon" IFNα, IFNβ und IFNλ sowie „Interleukin" IL-6, IL-10, IL-12, IL-13 und IL-23. Dabei wird durch die Aktivierung der „signal transducers and activators of transcription" (STAT)-Moleküle der so genannte JAK-STAT-Signalweg benutzt.

In Tyk2-defizienten Mäusen werden nach der Induktion allergischen Asthmas Infiltrate eosinophiler Granulozyten sowie erhöhte Konzentrationen IgE sowie Th2 und Th9-Zytokinen (IL-3, IL-4, IL-5, IL-9 sowie IL-13) gemessen. Dies ist für die Zytokine IL-4, IL-5 und IL-13 bereits in der Literatur beschrieben. Ähnlich verhält es sich mit der Ausprägung des Atemwegswiderstands (AHR), die sich sowohl bei unbehandelten als auch bei Allergen-behandelten Tyk2-defizienten Mäusen nicht von der bei Wildtyp-Mäusen gemessenen AHR unterscheidet. Hierfür können verschiedene Gründe angeführt werden. Zum einen ist die Signaltransduktion von IL-13 bei Tyk2-Defizienz beeinträchtigt, so dass nur eine geringe Effizienz bei der Verarbeitung der durch dieses Zytokin induzierten pathophysiologischen Reaktionen auftritt. Zum anderen ist die Produktion des Zytokins IL-17A in Tyk2-defizienten Mäusen stark reduziert, so dass dessen AHR-induzierende Wirkung nur vermindert eintreten kann.

$T_{reg}$ spielen in dieser Maus nur eine untergeordnete Rolle bei der Regulation der AHR, da in der Lunge Tyk2-defizienter Mäuse keine Veränderung des Anteils der $CD4^+CD25^+Foxp3^+$-T-Lymphozyten im Vergleich zu Wildtyp-Mäusen erkennbar ist. Eine bestimmte Subpopulation der $T_{reg}$, $CD4^+CD25^+Foxp3^+GITR^+$-T-Lymphozyten, findet sich jedoch vermehrt in Tyk2-defizienten Mäusen. Durch die Stimulation des „glucocorticoid-induced tumournecrosis-factor-receptor-related protein" (GITR) *in vivo* lässt sich der Anteil der $T_{reg}$ reduzieren, während gleichzeitig die Effektorfunktionen von $CD4^+$-T-Lymphozyten gesteigert werden. Da dieser Effekt verstärkt in Tyk2-defizienten Mäusen auftritt, stützt dies die Hypothese, dass $T_{reg}$ dieses Mausstamms nicht ausreichend in der Lage sind, die Funktionen von Effektor-T-Lymphozyten zu unterdrücken.

Die Produktion des Zytokins IL-17A ist in Tyk2-defizienten Mäusen sowohl *in vitro* als auch *in vivo* gegenüber Wildtyp-Mäusen deutlich reduziert. Die exogene Gabe dieses Zytokins *in vivo* zusätzlich zum Allergen führt bei beiden untersuchten Mausstämmen zu einem Anstieg der AHR, somit kann hier grundsätzlich nachgewiesen werden, dass IL-17A für die Induktion der AHR eine entscheidende Rolle spielt. Weitere Untersuchungen müssen zeigen, ob dieses Zytokin wichtiger für die Ausprägung dieses Merkmals ist, als Th2-Zytokine wie IL-13. Außerdem kommt es zu einer Reduktion der $T_{reg}$ in Tyk2-defizienten Mäusen. Hierbei spielt IL-21 eine Rolle, das die Fähigkeit hat, die Expression von Foxp3 zu unterdrücken. IL-17A wird eine zweiseitige Funktion bei der Pathogenese allergischen Asthmas zugesprochen. Die protektive Rolle des Zytokins manifestiert sich bei Tyk2-defizienten Mäusen in einer reduzierten Produktion Th2-spezifischer Zytokine. In weiteren Studien muss untersucht werden, ob die Rolle von IL-17A in allergischem Asthma insgesamt positiv oder negativ für den Krankheitsverlauf ist.

Für IL-17F kann hingegen gezeigt werden, dass zwischen Tyk2-defizienten Mäusen und Wildtyp-Mäusen keine Differenz besteht, hier also eine normale Produktion vorliegt. In weiterführenden Untersuchungen muss gezeigt werden, inwiefern IL-17F die Rolle von IL-17A übernehmen kann, also ein Fehlen dieses Zytokins kompensieren kann. Durch die Verwendung desselben Signaltransduktionsweges und der Ausbildung von Heterodimeren kann davon ausgegangen werden, dass eine gewisse funktionelle Überlappung besteht.

Das Zytokin IL-1β ist an der Differenzierung naiver T-Lymphozyten zu Th17-Zellen beteiligt. Durch die Wirkung dieses Zytokins kann *in vitro* der Mangel Tyk2-defizienter Mäuse hinsichtlich der IL-17A-Produktion ausgeglichen werden. Bei der Gabe von IL-1β *in vivo* zusätzlich zum Allergen kommt es zu einer Induktion von IL-17A und auch der AHR. IL-1β ist daher in der Lage, die IL-17A-Defizienz Tyk2-defizienter Mäuse zu reduzieren.

Zusammenfassend kann in dieser Arbeit die protektive Rolle von Tyk2 bei der Ausbildung allergischer Erkrankungen gezeigt werden, da das Fehlen dieser Kinase zu einem deutlich schwereren pathologischen Phänotyp führt. Außerdem ist Tyk2 für die suppressorische Funktion regulatorischer T-Lymphozyten und für die Differenzierung von Th17-Zellen von großer Bedeutung.

# 2 SUMMARY

The aim of this thesis was to analyse the role of Tyrosine kinase (Tyk2) in a murine model of allergic asthma, especially regarding the interaction of T lymphocyte populations with the most relevant being Th2, Th17 and regulatory T lymphocytes ($T_{reg}$).

Tyk2 is a member of the Janus-Protein-Tyrosine-Kinase family (JAK) and thus important in regulating cytokine signal transduction. Tyk2 is associated with the receptors for IFNα, IFNβ and IFNλ as well as IL-6, IL-10, IL-12, IL-13 and IL-23. After the respective cytokine has bound to the receptor STAT transcription factors are recruited. This leads to the activation of the so-called JAK-STAT-signalling pathway.

Asthmatic Tyk2 deficient mice show elevated levels of eosinophils, serum IgE and Th2 as well as Th9 cytokines (IL-3, IL-4, IL-5, IL-9 and IL-13) compared to wild type mice. An increased production of IL-4, IL-5 and IL-13 in Tyk2 deficient mice has already been described in the literature. Another hallmark of allergic asthma is AHR which is not different between Tyk2 deficient mice and wild type mice irrespective of the treatment. This has also been described. It may be due to several reasons. On the one hand IL-13 signalling is affected in Tyk2 deficient mice leading to a reduced signal transduction and thus to reduced IL-13-induced pathophysiology. On the other hand, a decreased IL-17A-production can be observed in Tyk2 deficient mice after allergen treatment compared to wild type mice. This leads to a reduced AHR inducing effect in these mice.

$T_{reg}$ are not as important in AHR regulation compared to these two cytokines since no difference in $CD4^+CD25^+Foxp3^+$-T-lymphocytes could be observed in the two mouse strains. However, Tyk2 deficient mice showed an increased population of $CD4^+CD25^+Foxp3^+GITR^+$-T-lymphocytes which have elevated suppressive capacity. Stimulation with GITR *in vivo* leads to a reduction of $T_{reg}$ while it simultaneously induces effector functions of $CD4^+$-T-lymphocytes. This effect occurs predominantly in Tyk2 deficient mice supporting the hypothesis that $T_{reg}$ cells from this mouse strain are not as capable to suppress effector T cells as wild type cells.

IL-17A production is reduced *in vitro* as well as *in vivo* in Tyk2 deficient mice compared to wild type mice irrespective of the treatment. Exogenous IL-17A was applied to the mice *in vivo* together with the allergen which lead to an increased AHR in both mouse strains. This means that IL-17A plays an important role in the induction of AHR. Further analyses will have to show whether this cytokine is more important for the establishment of AHR than Th2 cytokines like IL-13. Additionally, IL-17A treatment leads to a reduction of $T_{reg}$ only in Tyk2 deficient mice. IL-21, a cytokine produced by Th17 cells, is known to suppress the expression of Foxp3, the $T_{reg}$ defining transcription factor.

Thus, IL-17A plays a two-sided role in the pathogenesis of allergic asthma. The protective role of this cytokine manifests in Tyk2 deficient mice in a reduction of Th2 specific cytokines. Further studies will have to show whether IL-17A has a more protective or deleterious role in allergic asthma.

Tyk2 deficient mice and wild type mice did not show differences regarding IL-17F production. It has to be shown to what extent IL-17F can substitute IL-17A functionally and thus compensate the loss of this cytokine. Since both cytokines use the same signal transduction pathway and are able to form heterodimers a functional overlap certainly exists.

IL-1β plays a role in the differentiation of naive T-lymphocytes to Th17 cells. This cytokine can compensate the deficit of Tyk2 deficient mice to produce this cytokine *in vitro*. When IL-1β was applied *in vivo* together with the allergen an increased AHR as well as IL-17A production could be observed in both mouse strains. Thus, IL-1β is able to reduce the IL-17A production deficiency in Tyk2 deficient mice *in vivo*.

Taken together, this work shows the protective role of Tyk2 during the manifestation of allergic diseases since the lack of this kinase leads to a more severe phenotype. Additionally, Tyk2 is essential for the suppressive function of regulatory T-lymphocytes as well as for the differentiation of Th17 cells.

# 3 EINLEITUNG

## 3.1 Tyrosinkinase 2

Tyrosinkinase 2 (Tyk2) ist ein ubiquitär exprimiertes Enzym aus der Familie der Nicht-Rezeptor-Protein-Tyrosin-Kinasen. Es gehört zur Subfamilie der Januskinasen (JAKs), die eine entscheidende Rolle bei der Signaltransduktion von Zytokinen in Immunzellen und hämatopoetischen Zellen spielen. JAKs sind am Zellwachstum und bei der Entwicklung sowie Differenzierung verschiedener Zelltypen beteiligt. Daraus ergibt sich, dass Immunantworten auf einem korrekten Funktionieren der Signaltransduktion der JAKs basieren. Störungen des Signalwegs können zu teils schweren pathologischen Erscheinungen führen, beispielsweise Immundefizienzen und Krebs (1).

### 3.1.1 JAK-STAT-Signaltransduktion

Die Familie der JAKs besteht aus vier Kinasen, JAK1, JAK2, JAK3 sowie Tyk2. Alle Januskinasen sind aus sieben Homologie-Domänen (JH1-JH7) aufgebaut (Abbildung 3-1).

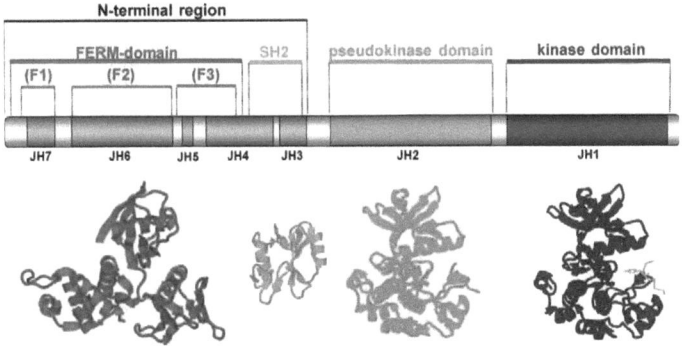

*Abbildung 3-1 Aufbau der Januskinasen (2)*

Am Carboxyterminus befindet sich die Kinasedomäne JH1, an die sich die Pseudokinasedomäne JH2 anschließt. JH2 ist für die Familie der JAKs charakteristisch, sie selbst hat keinerlei katalytische Aktivität, ist aber dennoch an der Regulation der

Phosphorylierung durch die Kinasedomäne beteiligt. Die Domänen JH3 und JH4 bilden zusammen eine der Src-Homologie-2-Region (SH2) ähnliche Struktur, deren Funktion noch nicht vollständig verstanden ist (1, 2). Die JAKs sind mittels der FERM-Region (JH5 - JH7) an die intrazellulären Domänen der Zytokinrezeptoren der Typ I und II Zytokine assoziiert. Als Liganden treten vor allem hämatopoetische Zytokine und Wachstumsfaktoren auf (3). Eine Übersicht über Zytokinrezeptoren und die jeweils zur Signaltransduktion wichtigen JAKs zeigt Abbildung 3-2.

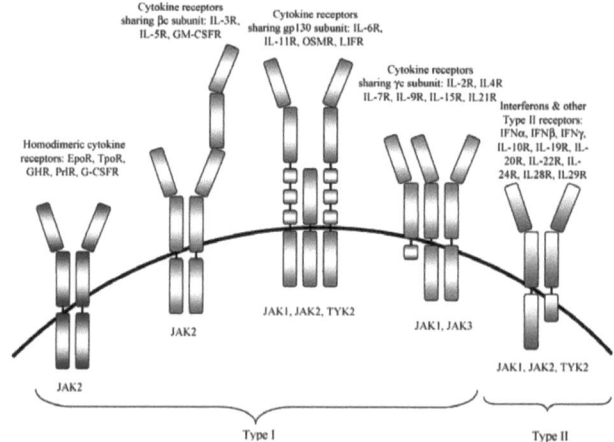

*Abbildung 3-2 Übersicht über die beteiligten Januskinasen bei der Signaltransduktion hämatopoetischer Zytokine (3)*

Wird der Rezeptor durch die Assoziation des spezifischen Liganden stimuliert, so führt dies zur Aktivierung der JAKs durch Autophosphorylierung. Die JAKs phosphorylieren nun den Rezeptor, wodurch bestimmte Transkriptionsfaktoren, so genannte STAT-Moleküle (Signal transducers and activators of transcription) an den Rezeptor binden können (Abbildung 3-3). Es existieren sieben STAT-Moleküle. Sie werden durch JAKs phosphoryliert und dissoziieren daraufhin vom Rezeptorkomplex. Die STATs dimerisieren und translozieren in den Nukleus, wo sie die Expression ihrer jeweiligen Zielgene aktivieren. Obwohl viele Zytokine die nur aus relativ wenigen Molekülen bestehende JAK-STAT-Signaltransduktion benutzen, ist die große Diversität der resultierenden zellphysiologischen Mechanismen noch nicht vollständig geklärt (1).

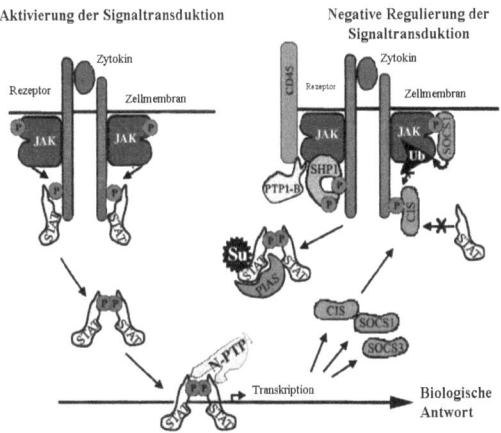

*Abbildung 3-3 Schematische Darstellung der positiven und negativen Regulation des JAK-STAT-Signalweges; verändert nach (4)*

Die Aktivität der JAKs wird durch „suppressor of cytokine signaling" (SOCS)-Proteine (SOCS1 - SOCS7) und „cytokine inducible SH2-domain" (CIS)-Proteine negativ reguliert. Beide Proteinfamilien besitzen eine so genannte SOCS-Box am Carboxyterminus, die als E3-Ubiquitinligase funktioniert und dadurch die Proteindegradation durch das Proteasom auslösen kann. Außerdem besitzen SOCS-Proteine eine „kinase inhibitory region" (KIR), die als Pseudosubstrat für die JAKs fungiert und diese so inhibiert. Zudem können Tyrosin-Phosphatasen wie SHP-1, PTP-1B und CD45 die Phosphorylierung der Rezeptoren und der JAKs regulieren. Durch „protein inhibitor of activated STAT"-Moleküle (PIAS) können die STATs sumoyliert werden, was ebenfalls zu deren Degradation führt. Im Nukleus selbst findet eine Dephosphorylierung der STATs durch Phosphatasen statt (Abbildung 3-3), (1, 4). In Tabelle 3-1 ist dargestellt, an welche Rezeptoren Tyk2 assoziiert ist.

*Tabelle 3-1 Übersicht über die Zytokine an deren Signaltransduktion Tyk2 beteiligt ist*

| Rezeptor | Zytokin | Quelle |
|---|---|---|
| IL-12Rβ$_1$ | IL-12, IL-23 | (5, 6) |
| IFNAR1 | IFNα, IFNβ | (7) |
| IL-10R2 | IL-10, IL-22, IL-28 | (8, 9) |
| gp130 | IL-6, IL-11, IL-27, IL-31, OSM, LIF, CNF, G-CSF, Cardiotrophin-1, Cardiotrophin-ähnliches Zytokin | (10) |
| IL-13Rα$_1$ | IL-13 | (9) |

Der Beitrag von Tyk2 zur Signaltransduktion der Zytokine ist sehr verschieden und bei einigen der Zytokine noch nicht vollständig geklärt. Dies trifft vor allem auf die Zytokine der IL-6-Familie zu, die den Rezeptor gp130 benutzen. Zudem ist die Rolle der einzelnen JAKs nicht in allen Spezies gleich. Es zeigen sich bei Tyk2 deutliche Unterschiede in der Relevanz der Signalwege von IFNα/β, IL–6 und IL-12 beim Vergleich von Mensch und Maus. Der IL-6-Signaltransduktionsweg ist bei Tyk2-Mutation im Menschen nicht funktional, wohingegen in der Tyk2-defizienten Maus eine Signalweiterleitung stattfindet (11-13).

### 3.1.2 Immunpathologie der Tyrosinkinase 2

Tyk2 wurde 1992 erstmals in seiner Beteiligung an der Signaltransduktion von IFNα/β beschrieben (7). Seitdem wurde die Rolle von Tyk2 bei der Signaltransduktion einer Reihe von Zytokinen charakterisiert. Diese sind entscheidend an der korrekten Funktion des Immunsystems beteiligt. Ist die Signalübertragung beispielsweise durch Mutationen gestört, so zeigen sich deutliche Beeinträchtigungen des Immunsystems, die zur Entwicklung verschiedener Krankheiten führen können.

Minegishi et al. beschrieben einen Patienten mit einer Deletion in der Tyk2-Sequenz, die zur Ausbildung eines Stop-Codons führt, so dass bei diesem Patienten kein Tyk2-Protein detektiert werden. Er zeigt eine Reihe von Störungen des Immunsystems, die mit der Tyk2-Defizienz in Zusammenhang stehen. So wurde bei diesem Patienten Hyper-IgE-Syndrom und atopische Dermatitis diagnostiziert, des Weiteren tritt eine Anfälligkeit für Infektionen durch Viren, Pilze und Mykobakterien auf. Die Untersuchung der peripheren Blutzellen zeigte einen kompletten Defekt in den Signalwegen von IL-12 sowie IFNα/β, die Signaltransduktion von IL-6, IL-10 und IL-23 war ebenso schwer beeinträchtigt. Des Weiteren ist eine gestörte Differenzierung naiver $CD4^+$-T-Lymphozyten zu Th1-Zellen zu beobachten, während vermehrt Th2-Zellen vorliegen. Dies zeigte sich unter anderem in der verminderten Sekretion des Th1-Zytokins IFNγ und der erhöhten Sekretion der Th2-typischen Zytokine IL-5 und IL-13. Die Tyk2-Defizienz kann damit zu den primären Immundefizienzen gezählt werden (14).

Die Bedeutung von Tyk2 für die Signalwege von IL-12 und IL-23 und der damit assoziierten T-Helferzell-Populationen konnte in einer Studie von Ishizaki et al. belegt werden. Darin wurde anhand verschiedener muriner Modelle inflammatorischer

Erkrankungen gezeigt, dass eine Defizienz von Tyk2 eine protektive Wirkung auf die Mäuse hat (15). Tyk2 spielt bei einer Reihe weiterer Erkrankungen eine Rolle, so zum Beispiel bei Morbus Alzheimer. Charakteristisch für diese Erkrankung ist die Ausbildung so genannter Plaques aus Amyloid-$\beta$-Peptid, die das fortschreitende Absterben der Neuronen auslösen. Es konnte gezeigt werden, dass dieser Zelltod abhängig von der Aktivierung von Tyk2 und STAT3 ist (16). Auch bei Autoimmunerkrankungen konnte bereits eine Rolle für Tyk2 nachgewiesen werden. Tyk2-defiziente Mäuse sind resistent gegen autoimmune Arthritis und experimentelle allergische Enzephalomyelitis. Hier scheint besonders die Funktion von Tyk2 in T-Lymphozyten entscheidend für die protektive Wirkung zu sein (17, 18). In einer Patientenstudie wurde mittels Analyse von Einzelnukleotid-Polymorphismen (SNPs) nachgewiesen, dass Tyk2 und STAT3 als genetische Biomarker für das Auftreten von Morbus Crohn dienen können (19).

IFN$\alpha$/$\beta$ spielen eine wichtige Rolle bei der Bekämpfung viraler Infektionen. Es konnte nachgewiesen werden, dass Tyk2 bei Infektionen mit dem Vaccinia-Virus, dem lymphozytären Choriomeningitis-Virus sowie dem murinen Cytomegalievirus essentiell ist (11, 20).

Auch beim Kontakt mit Endotoxinen spielt der IFN$\alpha$/$\beta$–Signaltransduktionsweg eine wichtige Rolle. Lipopolysaccharid (LPS), ein Bestandteil der Zellwand Gram-negativer Bakterien, bindet an den „toll-like-Rezeptor"-4 (TLR4), wodurch die IFN$\beta$-Expression induziert wird. Durch Gabe hoher LPS-Dosen kann ein septischer Schockzustand ausgelöst werden, der bei Tyk2-Defizienz nicht auftritt. Dies hängt mit einer signifikanten Reduktion der Expression von IFN$\beta$ in Tyk2-defizienten Makrophagen zusammen. Tyk2 ist also entscheidend an der Pathogenität von LPS beteiligt (21).

Des Weiteren wurden Studien zur Infektion mit *Leishmania major* durchgeführt, einem extrazellulären Parasiten, der die Leishmaniose-Erkrankung auslöst. Tyk2 ist dabei essentiell für die Abwehrfunktionen von „Natürlichen Killerzellen" (NK-Zellen) und CD8$^+$-T-Lymphozyten, nicht jedoch für die Differenzierung von Th1-Lymphozyten (22). Tyk2-defiziente Mäuse zeigten eine Anfälligkeit für Infektionen mit opportunistischen Pathogenen wie *Toxoplasma gondii*. In diesem Fall spielt die beeinträchtigte Th1-Differenzierung eine große Rolle (23).

Auch bei Tumorerkrankungen konnte eine Rolle von Tyk2 nachgewiesen werden. Tyk2-defiziente Mäuse erkrankten mit einer höheren Inzidenz an Leukämie als Wildtyp-Mäuse. Zudem zeigte sich eine verkürzte Latenzperiode. Dies ist das Resultat einer stark beeinträchtigten Tumorüberwachung und einer verminderten zytotoxischen Aktivität der NK-Zellen und „natürlichen Killer T-Lymphozyten" (NKT-Zellen) in Tyk2-defizienten Mäusen. Tyk2 spielt daher eine entscheidende Rolle bei lymphoiden Tumoren (24). Des Weiteren konnte gezeigt werden, dass $CD8^+$-T-Lymphozyten in Tyk2-defizienten Mäusen nicht funktional sind, also keine zytotoxische Aktivität aufweisen. $CD8^+$-T-Lymphozyten benötigen eine korrekt funktionierende $INF\alpha/\beta$-Signaltransduktion für die Aufrechterhaltung ihrer Zytotoxizität. Da die $INF\alpha/\beta$-Signaltransduktion in Tyk2-defizienten Mäusen gestört ist, erklärt dies den beobachteten Phänotyp (25). In einer Studie zu Prostatakrebs konnte gezeigt werden, dass die Tyk2-vermittelte Signaltransduktion in Krebszellen die Fähigkeit der Zellen zur Invasion des Gewebes vereinfacht (26).

Mehrere Studien beschäftigten sich zudem mit der Rolle von Tyk2 in der Entwicklung von B-Lymphozyten. So inhibiert $IFN\alpha$ die B-Lymphozyten-Entwicklung durch die Induktion von Apoptose, jedoch nicht bei Tyk2-Defizienz (27). Pro-B-Lymphozyten aus Tyk2-defizienten Mäusen sind vor der $IFN\beta$–abhängigen Apoptose geschützt, da sie eine verminderte Phosphorylierung von STAT3 aufweisen (28). Es konnte außerdem gezeigt werden, dass Tyk2-defiziente Pro-B-Lymphozyten schwere Defekte in der mitochondrialen Atmung und ATP-Produktion aufweisen (29).

## 3.2 Asthma bronchiale

Asthma bronchiale ist eine heterogene Erkrankung der Atemwege, die charakterisiert ist durch erhöhten Atemwegswiderstand ausgelöst durch Bronchokonstriktion, einer chronischen Entzündung der Atemwege, einer reversiblen Obstruktion der Bronchien, erhöhter Mukusproduktion und einer Umgestaltung („remodeling") des Bronchialgewebes mit erhöhter Kollagendeposition. Die Veränderung der Architektur der Bronchien tritt vor allem bei chronisch verlaufenden Formen auf (30). Abbildung 3-4 zeigt asthmatische und gesunde Atemwege im direkten Vergleich. Dabei erkennt man bei einem asthmatischen Bronchiolus die im Vergleich zum gesunden Bronchiolus deutlich verdickte Muskelschicht sowie die verstärkte Mukusproduktion. Symptome einer Asthmaattacke sind unter anderem eine Hyperreagibilität der Bronchien, „Abhusten" von Mukus, wiederkehrende Hustenanfälle,

Atemnot, eine von pfeifenden Atemgeräuschen begleitete Exspiration („wheezing") sowie Kurzatmigkeit. Oftmals treten die Symptome nachts oder früh am Morgen auf (31). Anhand der Häufigkeit auftretender Symptome kann die Erkrankung in verschiedene Schweregrade eingeteilt werden. Bei leichtem Verlauf spricht man von intermittierendem Asthma, bei chronischem Verlauf hingegen von persistierendem Asthma (32).

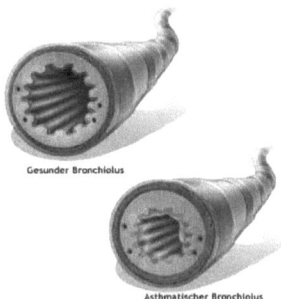

*Abbildung 3-4 Vergleich asthmatischer und gesunder Bronchien. Oben: gesunder Bronchiolus; unten: asthmatischer Bronchiolus (Quelle: http://www.luft-zum-leben.de/lzl/content/was_ist_asthma/was_passiert_in_der_lunge/bei_asthma/index_ger.html)*

Bisher wurden über 100 Gene beschrieben, die mit einer erhöhten Prädisposition und einem erhöhtem Schweregrad für diese Krankheit einhergehen (31). Es existieren verschiedene Phänotypen des Asthmas, die in zwei Gruppen eingeteilt werden können. Man unterscheidet extrinsisches Asthma von der intrinsischen Form.

Asthma bronchiale kann durch verschiedene Umweltfaktoren ausgelöst werden, man spricht dann von extrinsischem Asthma. Allergisches Asthma bronchiale ist die am meisten verbreitete Form dieser Erkrankung, die durch Allergene wie Hausstaubmilben, Pollen und Schimmelpilze ausgelöst wird (31). Bei Kindern leiden mehr als 90 % der an Asthma Erkrankten an allergischem Asthma, bei Erwachsenen werden etwa 60 % aller Asthma-Patienten mit dieser Krankheitsform diagnostiziert. Aufgrund dessen unterscheiden sich auch die angezeigten Therapien bei Erwachsenen und Kindern (32). Bei Kindern sind vermehrt Jungen betroffen, während im Erwachsenenalter der Frauenanteil unter den schweren Asthmatikern größer ist (33). Neben allergischem Asthma treten auch nicht-allergische Formen des extrinsischen Asthma bronchiale auf. Diese werden durch die Exposition von Umweltnoxen wie Ozon, Zigarettenrauch und Dieselrußpartikeln ausgelöst. Auch durch eine pseudo-allergische Reaktion auf Acetylsalicylsäure kann eine Asthmaattacke hervorgerufen werden (31).

Die seltenere Form der Krankheit ist das so genannte intrinsische Asthma. Dabei kommt es zu einer spontan auftretenden Hyperreagibilität der Atemwege unabhängig von einer Allergensensibilisierung oder einer Entzündung. Hier spielt die Metalloproteinase ADAM33 eine zentrale Rolle in der Genese des Asthmas, die vermehrt in der Bronchialmuskulatur exprimiert wird (34). Das intrinsische Asthma tritt vor allem bei Personen über 40 Jahre auf und ist nicht an das Vorhandensein von Allergenen oder gebunden (35).

Zudem können kalte Luft und körperliche Anstrengung zu Asthmaanfällen führen. Diese beiden auslösenden Faktoren können sowohl bei extrinsischen wie auch intrinsischem Asthma zu einer Verschlechterung des Gesundheitszustands führen (31).

Asthma bronchiale kann auch durch den bei der Entzündung der Atemwege dominierenden Zelltyp definiert werden. So unterscheidet man Formen mit vermehrten eosinophilen Granulozyten von denen mit neutrophilen Granulozyten (32).

Allergisches Asthma gehört zu den Typ-I-Allergien, bei denen es innerhalb von wenigen Minuten zu einer IgE-vermittelten Reaktion auf ein Allergen kommt. Das Allergen interagiert dabei mit IgE-Molekülen auf Mastzellen und basophilen Granulozyten. Die Kreuzvernetzung des IgE auf ihrer Oberfläche aktiviert diese Zellen und führt so zu einer Freisetzung proinflammatorischer Mediatoren. Diese Reaktion wird allerdings erst bei einem zweiten Kontakt mit dem Allergen ausgelöst, da es beim Erstkontakt zu einer Sensibilisierung des Immunsystems kommt. Tritt hingegen die Asthma-Symptomatik erst mehrere Stunden nach dem Allergenkontakt auf, so spricht man von einer Typ-IV-Allergie. Dabei kommt es vor allem zu einer Antikörper-unabhängigen Aktivierung von Th2-Lymphozyten (36).

In den letzten Jahren ist ein stetiges Ansteigen der Prävalenz und Inzidenz des Asthmas vor allem in Entwicklungsländern zu erkennen. Es wird angenommen, dass dies mit der zunehmenden Urbanisierung und Übernahme eines „westlichen" Lebensstils zusammenhängt. In den Ländern der westlichen Welt besteht die Befürchtung, dass die ohnehin schon hohe Prävalenz, aber auch die Inzidenz in den kommenden Jahren weiter steigen werden. Aktuelle Schätzungen gehen von etwa 300 Millionen Erkrankten weltweit aus (37, 38). Asthma tritt am häufigsten bei Kleinkindern auf, 80 % aller diagnostizierten Fälle betreffen Kinder bis sechs Jahre (30). Über die Vererbung der Prädisposition an Asthma zu erkranken, gibt es widersprüchliche Angaben, so schwanken die Schätzungen einer erblichen Komponente zwischen 36 % und 79 % (39).

## 3.3 Pathogenese des allergischen Asthmas

An der Pathogenese des allergischen Asthmas sind mehrere Zelltypen des Immunsystems beteiligt, vor allem Lymphozyten, Granulozyten, Makrophagen und Mastzellen. Diese infiltrieren die Lunge und führen so zur Entstehung einer Entzündung. Durch die Sekretion verschiedener Mediatoren, wie Zytokine, Enzyme, Leukotriene und Prostaglandine bestimmen sie entscheidend den Verlauf der Erkrankung. Diese Mediatoren beeinflussen direkt Epithel- und Muskelzellen in den Bronchien, so dass diese ebenfalls zur Zytokin- und Chemokinproduktion angeregt werden. Außerdem proliferieren diese beiden Zelltypen verstärkt, so dass es zu einer Zunahme der Dicke der Bronchialwand kommt. Durch die Wirkung bestimmter Zytokine kann sich, vor allem bei chronischem Asthma bronchiale, eine Fibrose manifestieren, die zur Entstehung der Atemwegsobstruktion sowie des „remodeling" führt. In der Entstehungsphase des allergischen Asthmas spielen Mastzellen eine wichtige Rolle, der weitere Verlauf der Erkrankung wird hingegen durch eosinophile und neutrophile Granulozyten, Makrophagen, Antikörper-produzierende B-Lymphozyten (Plasmazellen) und T-Lymphozyten dominiert (Abbildung 3-5). Dabei sind T-Lymphozyten die wichtigste Population (40).

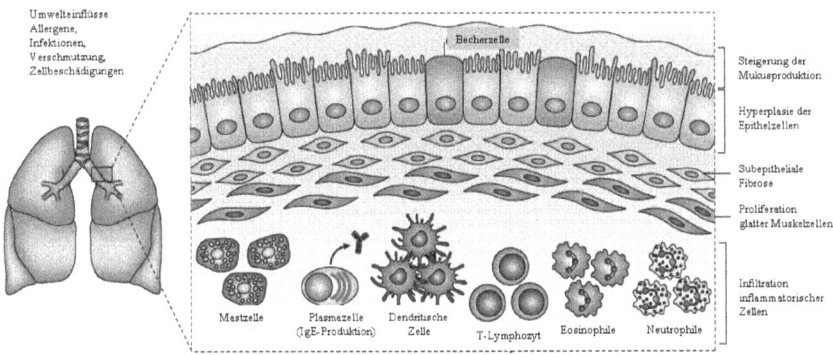

*Abbildung 3-5 Überblick über die Zelltypen und Abläufe bei der Pathogenese von Asthma bronchiale; verändert nach (40)*

### 3.3.1 CD4$^+$-T-Lymphozyten

T-Lymphozyten gehören zur Gruppe der Leukozyten und sind somit an der adaptiven Immunantwort beteiligt. Sie entwickeln sich im Knochenmark aus hämatopoietischen

Stammzellen und reifen im Thymus. Konventionelle T-Lymphozyten sind charakterisiert durch die Expression eines T-Zell-Rezeptors auf der Zelloberfläche, der bei jedem T-Lymphozyten-Klon für ein anderes Antigen spezifisch ist. Die Variabilität entsteht durch die Kombination verschiedener Gen-Loci während der T-Lymphozyten-Entwicklung. Der T-Zell-Rezeptor besteht bei konventionellen T-Lymphozyten aus einer α- und einer β-Kette. Bei Kontakt mit dem passenden Antigen proliferiert der spezifische Klon und es kommt zur Ausbildung einer Immunantwort. Neben dem T-Zell-Rezeptor exprimieren T-Lymphozyten auf ihrer Oberfläche die akzessorischen Moleküle CD3, CD4 oder CD8. CD8-positive T-Lymphozyten haben eine zytotoxische Wirkung und sind daher an der zellulären Immunantwort beteiligt. Ihre Rolle in der Pathogenese von Asthma bronchiale ist in Abschnitt 3.3.2 beschrieben. CD4-positive T-Lymphozyten werden auch als Helferzellen (Th) bezeichnet, da sie eine Rolle bei der Aktivierung der B-Lymphozyten und somit der humoralen Immunantwort spielen (36). Man unterscheidet mehrere Subpopulationen der CD4$^+$-T-Lymphozyten, deren Bedeutung bei Asthma bronchiale im Folgenden beschrieben ist. Dazu zählen Th1-, Th2-, Th9-, Th17-Lymphozyten sowie regulatorische T-Lymphozyten (Abbildung 3-6). Zudem sind γδ-T-Lymphozyten bekannt, deren T-Zell-Rezeptor aus einer γ- und einer δ-Kette besteht. Sie exprimieren auf ihrer Oberfläche nur CD3, aber nicht CD4 oder CD8 (Abschnitt 3.3.3) (36).

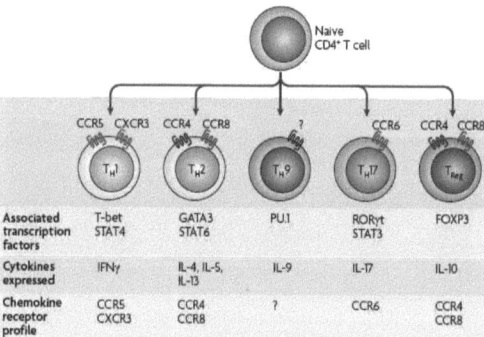

*Abbildung 3-6 Überblick über die für die Entstehung allergischer Erkrankungen relevanten Populationen der T-Lymphozyten sowie der für die Differenzierung entscheidenden Zytokine und Transkriptionsfaktoren (40)*

## Th2-Zellen

Das Zytokinmilieu in der Lunge beeinflusst entscheidend den Verlauf des allergischen Asthmas. Zytokine spielen eine wichtige Rolle bei der Differenzierung naiver $CD4^+$-T-Lymphozyten. Allergische Erkrankungen sind durch einen Überschuss an Th2-Lymphozyten gekennzeichnet, sie sind daher bei den meisten Patienten in der Lunge präsent. Die Zytokine IL-2, IL-4, IL-7, IL-33 und „thymic stromal lymphopoietin" (TSLP) bewirken, dass naive T-Helferzellen zu Th2-Lymphozyten differenzieren. Dabei kommt es durch die Aktivierung des T-Lymphozyten durch Antigenbindung an den T-Zell-Rezeptor sowie durch die Bindung von IL-4 an seinen Rezeptor zur Induktion der Transkriptionsfaktoren STAT6 und „GATA binding protein 3" (GATA-3). IL-2, IL-7 sowie TSLP aktivieren nach der Ligation an ihren jeweiligen Rezeptor den Transkriptionsfaktor STAT5, der gemeinsam mit GATA-3 zu einer Induktion Th2-spezifischer Gene führt (41) (Abbildung 3-7). GATA-3 inhibiert zudem gleichzeitig die Entwicklung von Th1-Lymphozyten und regulatorischen T-Lymphozyten (42).

Es wird zudem diskutiert, dass auch die Wnt-Signaltransduktion über β-Catenin und „T cell factor 1" (TCF1) die Differenzierung von Th2-Lymphozyten induzieren kann (43). Auch die Beteiligung des Notch-Signalweges an der Th2-Differenzierung wurde von Amsen et al. diskutiert (44). Diese beiden Signalwege aktivieren IL-4-unabhängig von GATA-3.

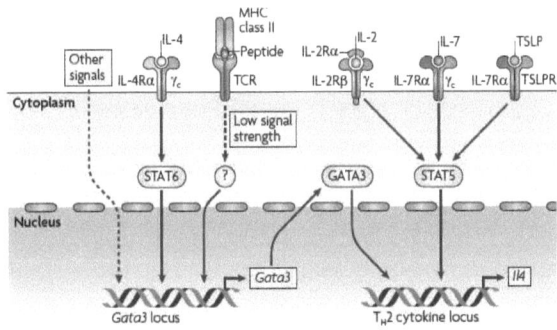

*Abbildung 3-7 Überblick über die Induktion der Th2-Differenzierung (41)*

Th2-Zellen sezernieren Zytokine wie IL-4, IL-5, IL-9 und IL-13, die bei der Ausbildung der charakteristischen Symptomatik des Asthma bronchiale eine entscheidende Rolle spielen.

So reguliert IL-4 die Synthese des Immunglobulins E (IgE) in B-Lymphozyten, indem es einen Klassenwechsel in der Antikörperproduktion auslöst. IL-5 induziert die Einwanderung von eosinophilen Granulozyten in die Lunge und verhindert deren Apoptose, während IL-9 eine Hyperplasie der rekrutierten Mastzellen auslöst. IL-13 bewirkt die Ausbildung einer Atemwegshyperreagibilität (31). IL-4, IL-9 und IL-13 wirken auch auf Lungenepithelzellen, wo es zur vermehrten Entstehung von mukusproduzierenden Becherzellen kommt, eine so genannte Metaplasie. IL-4 und IL-13 regen zudem die Bronchialmuskulatur zur Konstriktion an (41). Es konnte jedoch in einer Studie gezeigt werden, dass nur etwa die Hälfte der teilnehmenden Asthmatiker auch erhöhte Werte bei Th2-Zytokinen aufwies. Dies verdeutlicht erneut die Heterogenität dieser Erkrankung (45).

## Th9-Zellen

IL-9-produzierende $CD4^+$-T-Lymphozyten werden als Th9-Zellen bezeichnet. Die Unterscheidung zu Th2-Lymphozyten, die ebenfalls IL-9 sezernieren, ist dabei nicht immer sehr scharf. Th9-Zellen entstehen aus naiven T-Lymphozyten durch den Einfluss von „transforming growth factor beta" (TGFβ) und IL-4. Die Transkriptionsfaktoren PU.1 und „interferon regulatory factor 4" (IRF4) sind dabei essentiell. Es zeigte sich, dass PU.1-defiziente Mäuse nach Allergenkonfrontation keine Entzündung der Bronchien entwickeln (46-48). In Asthma-Patienten wurden ebenfalls erhöhte IL-9-Konzentrationen gefunden. IL-9 kann zu einer Anhäufung von Mastzellen in der Lunge, einer so genannten Mastozytose beitragen. Außerdem induziert es IL-13, was zu einer erhöhten Atemwegshyperreagibilität und einer Entzündung beiträgt (49-52).

## Th1-Zellen

$CD4^+$-Th1-Lymphozyten wirken protektiv auf die Ausbildung allergischen Asthmas, indem die Generierung von Th2-Lymphozyten unterbunden wird. Bei der Differenzierung naiver T-Helferzellen sind hier die Transkriptionsfaktoren „T-box transcription factor 21" (Tbet) und STAT4 wichtig (53). Es konnte gezeigt werden, dass der Transfer allergen-spezifischer Th1-Zellen Eosinophilie und Mukusproduktion stark vermindert, während die bronchiale Hyperreagibilität davon nicht beeinflusst wurde. Das vor allem von Th1-Zellen produzierte Zytokin IFNγ supprimiert Th2-Immunantworten, indem es die Funktionalität von dendritischen Zellen vermindert. Dies reduziert die Aktivierung von Th2-Lymphozyten (54,

55). IFNγ ist ebenfalls in der Lage, die Differenzierung von Th17-Lymphozyten zu hemmen, indem es die Sekretion von IL-23 verhindert (56). Die Deletion von Tbet führt zur spontanen Entwicklung von Atemwegshyperreagibilität und einer IL-13-abhängigen Eosinophilie (57, 58). Inzwischen konnte aber gezeigt werden, dass sich während eines Asthmaanfalls die Anzahl von Th1- und Th2-Lymphozyten im Blut von Patienten erhöht. Es wurde auch beschrieben, dass Th1-Lymphozyten alleine nicht in der Lage sind, die Th2-Immunantwort zu supprimieren, sondern die Symptomatik sogar verstärken können. Th1-Zellen können Atemwegshyperreagibilität und Neutrophilie induzieren (59-61).

*Th17-Zellen*

Neben Th1-, Th2- und Th9-Zellen sind auch Th17-Lymphozyten als Effektorzellen an der Pathogenese von Asthma beteiligt (40). Die Expression der Transkriptionsfaktoren „RAR-related orphan receptor" RORα, RORγt, IRF4 und „B cell activating transcription factor" (BATF) ist entscheidend für die Entwicklung dieser Zellpopulation. Naive T-Lymphozyten differenzieren durch die Zytokine TGFβ, IL-1β, IL-6, IL-21 und IL-23 zu Th17-Lymphozyten. IL-23 ist dabei zur Aufrechterhaltung der sich entwickelnden Th17-Population wichtig. Das charakteristische von dieser Zellpopulation produzierte Zytokin ist IL-17A. Außerdem sezernieren Th17-Zellen IL-9, IL-10, IL-17F, IL-21 und IL-22 (62-66). IL-17A wird zudem auch von γδ-T-Lymphozyten, NKT-Zellen, neutrophilen Granulozyten und Makrophagen produziert. Es ist an der Induktion der bronchialen Hyperreagibilität sowie an der Entzündung beteiligt und wirkt als Chemoattraktans für neutrophile Granulozyten. (31, 67, 68). Es konnte auch gezeigt werden, dass IL-17A für die Induktion des allergischen Asthmas notwendig ist, während es auf eine bereits etablierte Erkrankung protektiv wirkt (69). Hierbei scheint IL-17A eine vorhandene Th2-Antwort reduzieren zu können (62). Eine andere Studie zeigte hingegen, dass IL-17A synergistisch mit Th2-Zytokinen zu einer Verstärkung einer Th2-Antwort führt (70). Asthma-Patienten zeigen erhöhte IL-17A-Konzentrationen in der Lunge. Dabei korreliert der IL-17A-Spiegel mit der Ausprägung der Atemwegshyperreagibilität und dem Gehalt an neutrophilen Granulozyten (71). Es wurde beschrieben, dass IL-17A zur Aktivierung von verschiedenen Zelltypen in der Lunge, darunter Fibroblasten, Epithelzellen und Muskelzellen, beiträgt. Diese produzieren daraufhin proinflammatorische Zytokine wie „Tumornekrosefaktor alpha" (TNFα), „granulocyte colony stimulating factor" (G-CSF), „granulocyte macrophage colony stimulating factor" (GM-CSF), IL-1β, IL-6 und IL-8 oder Chemokine wie CXCL1 CXCL2, CXCL5, CXCL9, CXCL10, CCL2 sowie CCL20. Diese Mediatoren tragen zur Akkumulation von neutrophilen Granulozyten und Makrophagen bei (33, 72, 73). IL-17A induziert durch Produktion von G-CSF die Differenzierung von neutrophilen Granulozyten aus dem Knochenmark (33). Th17-Zellen spielen daher vor allem beim neutrophil-dominierten und steroid-resistenten Asthma eine wichtige Rolle, das schwerer behandelbar ist. IL-17A ist somit ein Marker für „Nicht-Th2-Typ-Asthma" (72, 74, 75). In Asthma-Patienten konnten erhöhte IL-17A-Spiegel im Serum sowie in Überständen kultivierter peripherer mononukleärer Zellen (PBMC) nachgewiesen werden (76).

IL-17A vermittelt seine Wirkung durch den Rezeptor IL-17R. Dieser besteht aus einem Komplex aus IL-17RA und IL-17RC, die von Epithel- und Endothelzellen sowie Fibroblasten exprimiert werden. Die Expression der Rezeptoren ist bei allergischem Asthma erhöht (33). IL-17A bindet dabei an die Rezeptorkette IL-17RA, die daraufhin mit IL-17RC assoziiert und die Signaltransduktion aktiviert. Dabei werden verschiedene Transkriptionsfaktoren induziert, darunter „nuclear factor 'kappa-light-chain-enhancer' of activated B-cells" (NFκB) und „activator protein-1" (AP-1), die zur Expression der Zielgene führen (Abbildung 3-8).

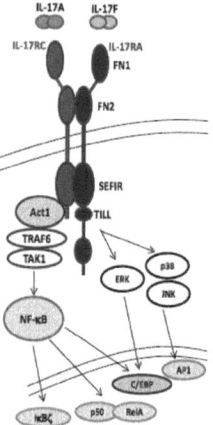

*Abbildung 3-8 Der IL-17A-Signalweg. IL-17A bindet an den Rezeptor IL-17RC, der dann mit dem IL-17RA dimerisiert, um die Signaltransduktion einzuleiten. IL-17F bindet direkt an IL-17RA; verändert aus:(33).*

## Regulatorische T-Lymphozyten

Regulatorische T-Lymphozyten ($T_{reg}$) spielen bei der Suppression der Effektorfunktionen des Immunsystems eine bedeutende Rolle. $T_{reg}$ können in zwei Populationen unterteilt werden, zum einen natürlich auftretende $T_{reg}$ ($nT_{reg}$), die im Thymus entstehen, sowie induzierbare Treg ($iT_{reg}$), die in der Peripherie als Reaktion auf Antigene gebildet werden. $nT_{reg}$ sind durch die Expression von $CD4^+CD25^{hi}Foxp3^+Helios^+$ gekennzeichnet, bei $iT_{reg}$ wird nochmals zwischen drei Populationen unterschieden. Dabei handelt es sich um $Foxp3^+$-$iT_{reg}$ ($CD4^+CD25^{hi}Foxp3^+$), Tr-1-Zellen ($CD4^+CD25^{hi}Foxp3^-IL-10^+$) sowie Th3-Zellen ($CD4^+Foxp3^-TGF\beta^+$) (77-80). Bei der gestörten Immunantwort auf ein Allergen werden vermehrt Effektorzellen gebildet, die durch die Sekretion von IL-4 und IL-6 die Genese von $T_{reg}$ inhibieren. Am wichtigsten für die immunmodulatorische Funktion der $T_{reg}$ sind die sezernierten Zytokine IL-10 und TGFβ, sowie die Expression inhibitorischer Moleküle wie CTLA-4. Entscheidend ist die Fähigkeit der $T_{reg}$, Toleranz zu induzieren. Dabei verhindert TGFβ die Aktivierung pulmonaler dendritischer Zellen und somit eine Antigenpräsentation an T-Lymphozyten (81). Bei allergischen Erkrankungen ist die Funktionalität der $T_{reg}$ beeinträchtigt, was die überschießende Immunantwort auf ein Allergen erklärt. So kann der Transfer von $T_{reg}$ die Entzündung der Bronchien sowie die Atemwegshyperreagibilität deutlich reduzieren. Die Aktivierung pulmonaler dendritischer Zellen wird verhindert, indem die Hochregulierung kostimulatorischer Moleküle unterbunden wird. Dabei spielt der Zell-Zell-Kontakt eine tragende Rolle (82, 83). Das Zytokin TGFβ ist dabei an die Zellmembran der $T_{reg}$ gebunden und vermittelt so die suppressorische Wirkung (84). $T_{reg}$ inhibieren die Proliferation antigenspezifischer $CD4^+CD25^-$-Effektorzellen, jedoch sind $T_{reg}$ von Allergikern und Asthmatikern dazu nur eingeschränkt in der Lage. Vor allem bei asthmatischen Kindern finden sich weniger $T_{reg}$ in der Lunge als bei gesunden Kindern (85, 86). Der Transkriptionsfaktor Foxp3 trägt zur Reduktion der proinflammatorischen Th17-Population bei, indem er die Expression des Transkriptionsfaktors RORγt inhibiert (87). Das Molekül GITR wird auf der Zelloberfläche von $CD4^+CD25^+$-$T_{reg}$ konstitutiv exprimiert und trägt zu ihrer immunsupprimierenden Wirkung bei (88). Eine Hemmung von GITR führt zu einer Verschlimmerung asthmatischer Symptome (89). Verschiedene Therapieansätze zielen auf die Erhöhung der $T_{reg}$ und die Wiederherstellung ihrer Funktion ab (90).

## 3.3.2 $CD8^+$-T-Lymphozyten

Auch $CD8^+$-T-Lymphozyten sind an der Pathogenese von Asthma bronchiale beteiligt. In den Bronchien von Patienten konnten $CD8^+$-T–Lymphozyten nachgewiesen werden, die neben IFNγ auch IL-4, IL-5 und IL-13 produzieren, und somit eine negative Auswirkung auf die Erkrankung haben (91, 92). $CD8^+$-T-Lymphozyten scheinen die Asthma-Symptome zu steigern, indem sie die Wirkung der $CD4^+$-T-Lymphozyten verstärken (93). Es konnte jedoch auch gezeigt werden, dass $CD8^+$-Gedächtniszellen (Oberflächenmarker: $CD8^+CD122^+CD127^+$) in der Lunge die Produktion von IL-2 und IFNγ in $CD8^+$-Effektorzellen ($CD8^+CD122^-CD127^-$) kontrollieren. Eine erhöhte Sekretion dieser beiden Zytokine inhibiert die Entstehung von Th2- und Th17-Lymphozyten in der Lunge und wirkt sich somit protektiv auf eine allergische Erkrankung aus (94). $CD8^+$-T-Lymphozyten sind durch die Sekretion von IFNγ entscheidend an der Bekämpfung viraler Infektionen beteiligt. Finden sich allerdings viele Th2-Lymphozyten in der Lunge, so produzieren die $CD8^+$-Zellen vor allem IL-5, während die IFNγ-Produktion stark reduziert wird. Dies erhöht die Infiltration von eosinophilen Granulozyten und könnte eine mögliche Erklärung dafür sein, wie Virusinfektionen zu einer Verschlimmerung der Asthma-Symptome beitragen. Durch die verringerte IFNγ-Sekretion verlängert sich zudem die Dauer einer viralen Infektion (95, 96).

## 3.3.3 Gamma-delta-T-Lymphozyten

Gamma-delta (γδ)-T-Lymphozyten bilden eine Subpopulation von T-Lymphozyten, deren T-Zell-Rezeptor anstatt aus einer α- und einer β-Kette aus einer γ- und einer δ-Kette besteht. Sie entwickeln sich wie konventionelle T-Lymphozyten aus hämatopoietischen Stammzellen, exprimieren aber nur CD3, die Oberflächenmarker CD4 und CD8 jedoch nicht (36). In Asthmapatienten ist der Anteil dieser Zellen in der Bronchiallavage erhöht. Zudem sezernieren γδ T-Zellen Zytokine wie IL-4 (97). Es konnten verschiedene Populationen der γδ T-Zellen nachgewiesen werden, die pro- oder auch anti-inflammatorisch wirken können. Proinflammatorische Populationen produzieren Th2-Zytokine und induzieren Atemwegshyperreagibilität. Durch die Sekretion von IL-17A bewirken anti-inflammatorische Populationen eine Reduktion bereits etablierter Entzündungen der Atemwege (98, 99).

EINLEITUNG

## 3.3.4 B-Lymphozyten

B-Lymphozyten sind an der Pathogenese von allergischem Asthma durch ihre Funktion der Antikörperproduktion beteiligt. Hierbei spielt die Produktion des Immunglobulin IgE eine wichtige Rolle. Es ist entscheidend bei der Ausbildung einer allergischen Reaktion, da es zur Aktivierung von Mastzellen und basophilen Granulozyten beiträgt (100).

Zunächst bindet das Allergen an den B-Zell-Rezeptor, worauf es internalisiert und prozessiert wird, so dass es allergen-spezifischen Th2-Lymphozyten via so genannter „major histocompatibility complex" (MHC) Klasse II-Moleküle präsentiert werden kann. Diese werden dadurch aktiviert und exprimieren Oberflächenmoleküle wie CD40, CD80 und CD86. Es kommt so zu einem Zell-Zell-Kontakt. Außerdem sezernieren die Th2-Zellen die Zytokine IL-4 und IL-13. Durch diese beiden Signale werden die B-Lymphozyten stimuliert und es kommt zu einer Veränderung des Isotyps der von den B-Zellen produzierten Antikörper, einem so genannten Klassenwechsel. Dabei werden Signaltransduktionsketten angeschaltet, die dazu führen, dass Gene transkribiert werden, die die konstante Region der schweren Kette ε kodieren. So kommt es abschließend zur Sekretion von IgE und zur klonalen Expansion der IgE-produzierenden B-Lymphozyten (100).

Die IgE-Synthese wird durch die Zytokine IL-10, IL-12, IL-21, TGFβ, IFNα und IFNγ unterdrückt. Dies geschieht durch die Hemmung der Transkription der konstanten Region der schweren Kette ε (100, 101).

Es werden zwei Typen von IgE-Rezeptoren unterschieden, FcεRI und FcεRII. Dabei ist FcεRI hochaffin für IgE und wird konstitutiv in großen Mengen auf Mastzellen und basophilen Granulozyten exprimiert. Außerdem findet sich FcεRI auf dendritischen Zellen und Monozyten. Der FcεRII weist eine geringere Affinität für IgE auf und wird von B- und T-Lymphozyten, dendritischen Zellen, Monozyten und eosinophilen Granulozyten exprimiert (100).

## 3.3.5 NK- und NKT-Zellen

Natürliche Killerzellen (NK-Zellen) gehören zu den Lymphozyten, wurden aber lange Zeit aufgrund des Fehlens Antigen-spezifischer Rezeptoren der angeborenen Immunität zugerechnet. Sie entwickeln sich im Knochenmark aus hämatopoietischen Stammzellen (36). Es konnte aber inzwischen gezeigt werden, dass sie vor allem bei viralen Infektionen durch ihre Produktion von IFNγ eine bedeutende Rolle bei der Induktion der adaptiven Immunantwort spielen (102). Dabei stimulieren die NK-Zellen dendritische Zellen zur IL-12-Produktion, was zur Differenzierung von Th1-Lymphozyten aus naiven $CD4^+$-T-Lymphozyten führt. Ist die normale Funktion der NK-Zellen beeinträchtigt, kommt es zu einer vermehrten Differenzierung von Th2-Lymphozyten (103, 104). Eine Defizienz von NK-Zellen während einer Virusinfektion führt zu einer Reduktion der IFNγ-Produktion, während die Th2-Antwort und somit die Asthma-Symptomatik dann verstärkt wird (103).

Natürliche Killer T-Lymphozyten (NKT-Zellen) vereinen Charakteristika von T-Lymphozyten und NK-Zellen. Typ I-NKT-Zellen exprimieren einen unveränderlichen T-Zell-Rezeptor, der als Rezeptor für Glykolipid-Antigene fungiert. Diese werden durch das MHC-Klasse I-ähnliche Molekül CD1d präsentiert. Nach ihrer Aktivierung produzieren NKT-Zellen IFNγ, IL-17A und Th2-Zytokine, vor allem IL-4. Dies induziert die adaptive Immunantwort. NKT-Zellen sind entscheidend an der Entwicklung der bronchialen Hyperreagibilität beteiligt, da NKT-Zell-defiziente Mäuse dieses Symptom nach Allergenkonfrontation nicht zeigen. Allerdings kann eine Entzündung der Bronchien festgestellt werden. Auch Zytokine wie IL-25, IL-33 und TSLP können NKT-Zellen aktivieren (105-109). NKT-Zellen sind jedoch für die Differenzierung von Th2-Lymphozyten nicht nötig (105). Da der unveränderliche T-Zell-Rezeptor große strukturelle Ähnlichkeit zu so genannten PRR („pattern recognition receptor") aufweist, ist es möglich, dass NKT-Zellen auch zur angeboren Immunität beitragen (40).

Typ II-NKT-Zellen erkennen zwar auch durch CD1d präsentierte Antigene, exprimieren jedoch einen veränderlichen T-Zell-Rezeptor (40). NKT-Zellen sind wichtig für eine Verstärkung einer Th2-Antwort, sie sind allerdings auch in der Lage, ohne eine adaptive Immunreaktion typische Asthmasymptome hervorzurufen, was eine besondere Bedeutung dieser Zellpopulation in Zusammenhang mit durch Virusinfektionen oder neutrophilen Granulozyten verstärktem Asthma unterstreicht (31).

### 3.3.6 Natürliche Helferzellen

Bei der Pathogenese von Asthma spielen auch Zytokine eine Rolle, die von Epithelzellen oder von so genannten „natürlichen Helferzellen" produziert werden. Natürliche Helferzellen sind dadurch gekennzeichnet, dass sie Th2-Zytokine (IL-4, IL-5, IL-13) produzieren, jedoch keinen der bekannten Marker einer Leukozytenpopulation exprimieren. Sie werden daher, im

Gegensatz zu T-Lymphozyten, der angeborenen Immunabwehr zugeordnet. Diese Zellen finden sich in verschiedenen Geweben, darunter Milz, Gastrointestinaltrakt, Leber und in der Lunge (110, 111). Durch die Aktivierung des TLR4 produzieren die Zellen TSLP, IL-25 und IL-33, die auch bereits bei Asthmatikern in erhöhter Konzentration nachgewiesen werden konnten (31). TSLP kann die Entzündung der Atemwege und bronchiale Hyperreagibilität hervorrufen (41, 107, 112). IL-25 wird neben Epithelzellen auch von eosinophilen und basophilen Granulozyten sowie Mastzellen produziert. Es hat die Fähigkeit, die Th2-Zytokin-Produktion zu steigern und eosinophile Granulozyten in der Lunge zu akkumulieren (113). IL-33 aktiviert Mastzellen sowie basophile Granulozyten, daneben löst es die Degranulierung eosinophiler Granulozyten aus (114). Zudem kommt es durch dieses Zytokin zu einer stärkeren Entzündung der Atemwege (115). So genannte angeborene Effektorzellen sind ebenfalls Zielzellen von Zytokinen der angeborenen Immunität, woraufhin sie Th2-Zytokine sezernieren (31). Durch die Wirkung der Zytokine IL-25 und IL-33 wird eine neu beschriebene Zellpopulation, die Nuozyten („nuocytes"), dazu angeregt, IL-13 zu produzieren. Diese Zellen stellen somit eine wichtige Quelle dieses Zytokins dar (116). Mäuse ohne T- und B-Lymphozyten sind in der Lage, eine Th2-Krankheit wie Asthma zu entwickeln, was die wichtige Rolle der natürlichen Helferzellen aufzeigt (41).

### 3.3.7 Granulozyten

Neben Lymphozyten finden sich auch Granulozyten bei allergischem Asthma vermehrt in der Lunge. Granulozyten sind Leukozyten, die im Knochenmark aus myeloiden Vorläuferzellen gebildet werden. Sie dienen hauptsächlich der Abwehr von Bakterien, Pilzen sowie Parasiten und tragen daher zur angeborenen Immunantwort bei. Es existieren drei Subpopulationen, basophile, eosinophile und neutrophile Granulozyten (36).

Basophile Granulozyten können Histamin und große Mengen der Zytokine IL-4 und TSLP sezernieren. Nach einer Allergenkonfrontation sammeln sie sich in den Lymphknoten an, wodurch sie eine entstehende Th2-Immunantwort verstärken (41). Außerdem wirken basophile Granulozyten als antigenpräsentierende Zellen, sie sind dabei effektiver und wichtiger in der Induktion der Th2-Differenzierung als dendritische Zellen (117). Eosinophile Granulozyten wirken durch die Produktion von Lipidmediatoren (Leukotriene, Prostaglandine) und Th2-Zytokinen proinflammatorisch. Sie spielen eine Rolle bei der Induktion bronchialer Hyperreagibilität, indem sie die Kontraktion der Bronchialmuskulatur induzieren. In den Granula befinden sich zudem kationische Proteine, z.b. „major basic protein" (MBP), das an der Ausbildung der Entzündung der Atemwege beteiligt ist. Eosinophile und basophile Granulozyten sowie Mastzellen tragen durch die Sekretion von Enzymen wie Kollagenasen und Metalloproteinasen zur Umgestaltung des Lungengewebes bei (31). Ihre Entwicklung sowie die Migration in entzündete Gewebe werden durch Th2-Zellen sowie das Zytokin IL-5 begünstigt (118). Neutrophile Granulozyten, die vor allem durch die chemotaktische Wirkung von IL-8 und IL-17A während der Etablierung des allergischen Asthmas in die Lunge strömen, zeichnen sich dort vor allem durch ihre hohe phagozytische Aktivität aus (119). Es wurde beobachtet, dass bei Asthma-Erkrankungen mit einer neutrophil-dominierten Entzündung der Atemwege eine Steroidtherapie weniger wirksam ist als bei einer eosinophil-dominierten Entzündung. Steroide vermitteln ihre Wirkung auf die Zielzellen durch den Glukokortikoidrezeptor (GR), der in zwei Isoformen, GR-α und GR-β, vorliegt. Neutrophile Granulozyten exprimieren im Vergleich zu eosinophilen Granulozyten vermehrt GR-β. Diese Isoform wirkt jedoch inhibitorisch auf die durch Steroide ausgelöste Signaltransduktion und reduziert somit deren Wirksamkeit (33).

### 3.3.8 Dendritische Zellen

Allergische Erkrankungen werden in großem Maße von der Präsenz der Zellen der adaptiven Immunität bestimmt. Entsprechend wichtig sind antigen-präsentierende Zellen, um eine Immunantwort einzuleiten. Die wichtigsten antigen-präsentierenden Zellen sind dabei dendritische Zellen. Sie entstehen im Knochenmark je nach Subpopulation aus hämatopoietischen oder myeloiden Vorläuferzellen (36). In der Lunge finden sie sich in den Bronchien, im Interstitium, in den Gefäßen, im Lungenfell und in den bronchialen Lymphknoten. Sie exprimieren unter anderem TLR, „Nod-ähnliche Rezeptoren" (NLR) und C-Typ Lektin-Rezeptoren, womit eine Vielzahl von Antigenen erkannt werden können. Die Antigene werden dann phagozytiert und mittels MHC Klasse II-Molekülen auf der Zellmembran präsentiert. Nun kann das Antigen von entsprechenden T-Lymphozyten mittels des T-Zell-Rezeptors erkannt und gebunden werden. Die Antigenpräsentation geht einher mit der Hochregulierung kostimulatorischer Moleküle wie CD80 oder CD86 auf der Zelloberfläche und der Produktion von Chemokinen und Zytokinen. Die Interaktion von CD80 und CD86 mit CD28 auf der Oberfläche von T-Lymphozyten in den Lymphknoten aktiviert diese und führt zur Akkumulation von T-Lymphozyten in der Lunge (31). Diese

Sensibilisierungsreaktion ist die Voraussetzung, dass bei einem erneuten Antigenkontakt eine allergische Reaktion auftreten kann. Bei einem klassischen Modell zur Untersuchung des allergischen Asthmas wird Ovalbumin als Allergen verwendet. Es konnte gezeigt werden, dass bei der Auslösung des allergischen Phänotyps dendritische Zellen die wichtigsten antigen-präsentierenden Zellen sind (120).

Dendritische Zellen können in mehrere Subpopulationen unterteilt werden, dazu zählen myeloide dendritische Zellen (mDC) sowie plasmazytoide dendritische Zellen (pDC). mDCs ($CD11c^+CD45R^-CD11b^+$) tragen zur Entstehung und dem Fortschreiten der Entzündung der Atemwege bei (121). pDCs ($CD11c^+CD45R^+CD11b^-$) haben hingegen eine suppressive Wirkung beim Verlauf der allergischen Erkrankung, da sie über verschiedene Mechanismen regulatorische T-Lymphozyten ($T_{reg}$) aktivieren. Dabei kommt es u.a. zur Sekretion von suppressorischen Zytokinen wie IL-10 und TGFβ sowie zur Aktivierung von PD-1 und CTLA4, die ebenfalls $T_{reg}$ aktivieren. Außerdem produzieren sie IFNα und IFNβ (120).

### 3.3.9 Mastzellen

Mastzellen entwickeln sich unter dem Einfluss von IL-3 und SCF im Knochenmark aus hämatopoietischen Stammzellen. Ihre endgültige Reifung findet jedoch in den Geweben statt. Mastzellen befinden sich in allen Geweben in der Nähe von Schleimhäuten und Blutgefäßen. Sie exprimieren den hoch-affinen Rezeptor für IgE (FcεRI) (122). Allergen-spezifische IgE-Moleküle binden mit ihrem $F_c$-Teil an diese Rezeptoren. Dadurch liegt der zur Antigen-Bindung benötigte $F_{ab}$-Teil frei. Durch die Bindung von Allergenen kommt es zur Quervernetzung der Immunglobuline auf der Oberfläche der Mastzellen, die dadurch aktiviert werden. Daraufhin degranulieren die Mastzellen, d.h. es erfolgt eine Sekretion proinflammatorischer Mediatoren wie Histamin, Heparin, Serotonin, Proteasen (Tryptase), Leukotrienen ($LTB_4$, $LTC_4$), Prostaglandinen ($PGD_2$), Zytokinen (IL-4, IL-5, IL-13, TNFα) und Chemokinen aus präformierten Granula, die zur Induktion des allergischen Asthmas beitragen. Es kommt dann zur Konstriktion der Muskulatur der Atemwege, die Einwanderung inflammatorischer Zellen in die Lunge beginnt und die Permeabilität der Gefäße wird erhöht. Zudem wird die Mukus-Produktion erhöht. Mastzellen spielen daher eine entscheidende Rolle bei der Entwicklung einer Typ I-Allergie (41, 123). Außerdem inhibieren Mastzellen die suppressorische Funktion regulatorischer T-Lymphozyten. Dieser Prozess wird durch

Histamin vermittelt und trägt somit ebenfalls zu einer verstärkten Asthma-Symptomatik bei (124).

### 3.3.10 Makrophagen

Alveolarmakrophagen sind in der gesunden Lunge der dominierende Zelltyp und tragen dort zur Abwehr von Pathogenen bei (125). Sie spielen auch eine Rolle bei der Pathogenese von Asthma bronchiale. So können sie proinflammatorische Zytokine wie IL-6, IL-8, IL-17A und TNFα produzieren, was zur Ausbildung der Entzündung und Hyperreagibilität der Atemwege führt. Allerdings können Makrophagen durch die Produktion des anti-inflammatorischen Zytokins IL-10 auch protektiv auf die Entwicklung von Asthma wirken. Die IL-10-Produktion ist jedoch in Alveolarmakrophagen von Asthma-Patienten reduziert (126-129). Des Weiteren ist die Funktion der Alveolarmakrophagen von ihrem Aktivierungszustand abhängig. So induzieren sensibilisierte Makrophagen die Rekrutierung von eosinophilen Granulozyten sowie die Zytokinproduktion in $CD4^+$-T-Lymphozyten (130, 131).

Man unterscheidet zudem zwei Typen von Makrophagen, die auf verschiedene Weise aktiviert werden. Klassisch-aktivierte Makrophagen (CAM) exprimieren die Oberflächenmoleküle F4/80 und CD11b. Sie finden sich bevorzugt in den peribronchialen Gebieten der Lunge (132, 133). Alternativ-aktivierte Makrophagen (AAM) sind durch die Expression der Moleküle F4/80 und YM-1 gekennzeichnet. Sie befinden sich im Lungenparenchym. AAM werden durch IL-4, IL-13, IL-33 und IL-25 induziert. AAM sezernieren die Zytokine IL-10 und TGFβ, die anti-inflammatorisch wirken und die Proliferation von T-Lymphozyten supprimieren (134-136).

In Abbildung 3-9 werden die beschriebenen Interaktionen der verschiedenen Zelltypen bei der Entstehung einer Th2-Immunantwort gezeigt. Dabei ist die dendritische Zelle zentral in ihrer Funktion als antigenpräsentierende Zelle und somit als Vermittler zwischen angeborener und adaptiver Immunität. Sie spielt die zentrale Rolle bei der Differenzierung naiver T-Helferzellen (137).

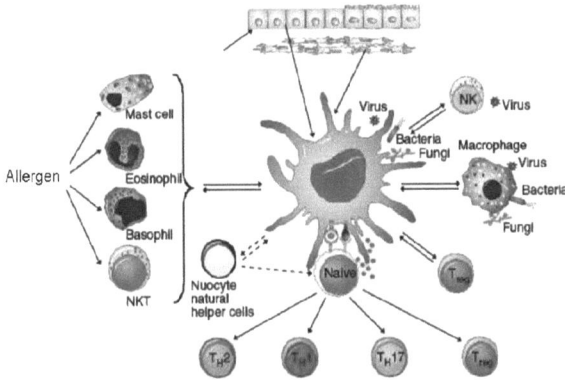

*Abbildung 3-9 Überblick über die Interaktionen zwischen den verschiedenen Zelltypen der Lunge bei der Induktion der Th2-Immunantwort; verändert nach:(137)*

## 3.4 Therapie des allergischen Asthmas

Zur Behandlung des Asthma bronchiale werden verschiedene Medikamente eingesetzt, an erster Stelle sind anti-entzündliche Therapien mit inhalativen Steroiden zu nennen. Dies führt zu einer Relaxation der Bronchialmuskulatur und lindert die Entzündung der Atemwege. Zudem erhöhen Steroide den Anteil von regulatorischen T-Lymphozyten ($T_{reg}$) in der Lunge (40, 138). Es zeigte sich jedoch, dass vor allem Patienten mit einer eosinophil-dominierten Entzündungsreaktion auf Steroide ansprechen. Gerade bei Patienten mit schweren Asthmasymptomen oder einer neutrophil-dominierten Entzündungsreaktion kommt es oftmals nicht zu einer Linderung der Symptomatik durch Steroide. Es werden hauptsächlich, abhängig von der Schwere der Erkrankung, kurz- oder lang-wirksame β-2-Adrenorezetor-Agonisten zur Reduktion der Bronchokonstriktion eingesetzt. Bei allergischem Asthma kann eine Allergenkarenz helfen. Die bei diesem Phänotyp erhöhten IgE-Spiegel im Serum sind durch eine Antikörpertherapie mit Omalizumab reduzierbar. Dieser IgE-spezifische monoklonale Antikörper bindet freies IgE und verhindert so die Aktivierung von Mastzellen und basophilen Granulozyten (32). Generell ist eine Behandlung, die nur auf der Hemmung einzelner Mediatoren oder Zytokine abzielt, nicht effektiv genug. Sie ist als Zusatztherapie für bestimmte Patientengruppen denkbar (40). Eine weitere Strategie allergisches Asthma zu behandeln, ist die spezifische Immuntherapie. Dabei werden Patienten ansteigende Dosen des jeweiligen Allergens subkutan injiziert. Dies erhöht die Anzahl allergen-spezifischer $iT_{reg,}$ und führt zu einer Reduktion der Symptomatik und der Immunantwort des Patienten auf das Allergen. Entscheidend für den Erfolg der Behandlung ist, dass nach der Therapie immer wieder Auffrischungsinjektionen stattfinden (40, 139, 140). Grundsätzlich gilt jedoch, dass Asthma bronchiale noch immer meist symptomatisch behandelt wird und aufgrund der differenzierten Ätiologie Therapieansätze, die die Krankheitsursache bekämpfen, meist fehlen.

### 3.5 Tyrosinkinase 2 in allergischem Asthma

In einer Studie von Seto et al. wurde die Regulierung der Antigen-induzierten Differenzierung von T-Helferzellen in einem murinen Modell allergischen Asthmas untersucht. Es wurden Mäuse eingesetzt, die transgen für einen T-Zell-Rezeptor sind, der spezifisch für Ovalbumin ist ($DO10^+Tyk2^{+/+}$ oder $DO10^+Tyk2^{-/-}$). Dabei konnte gezeigt werden, dass Tyk2-defiziente Mäuse eine verstärkte Th2-Differenzierung im Vergleich zu Wildtyp-Mäusen aufweisen. Im Serum wurde eine erhöhte Produktion der Immunglobuline IgE und $IgG_1$ nachgewiesen. Dies ist mit allergischen Erkrankungen assoziiert. Die $IgG_{2a}$-Spiegel waren in Tyk2-defizienten Mäusen erniedrigt. Bei der Analyse der Zellen des submukosalen Gewebes der Trachea und der bronchoalveolären Lavage zeigte sich eine verstärkte Rekrutierung eosinophiler Granulozyten und $CD4^+$-T-Lymphozyten und somit eine stärkere inflammatorische Reaktion in Tyk2-defizienten Mäusen nach Allergenkonfrontation. Die Anzahl der Becherzellen und die Expression des Mucin-codierenden Genes Muc5ac waren hingegen in den Tyk2-defizienten Mäusen im Vergleich zum Wildtyp erniedrigt. Beim Atemwegswiderstand nach Allergenkonfrontation konnte hingegen kein Unterschied zwischen den beiden Genotypen festgestellt werden. Zusammenfassend lässt sich daher sagen, dass Tyk2 eine differenzierte Rolle bei der Modulierung des allergischen Asthmas spielt. Zum einen ist Tyk2 wichtig für die Regulierung der Th2-Differenzierung und der durch Th2-Zytokine vermittelten Antikörperproduktion. Zum anderen ist Tyk2 notwendig für die Induktion einer Hyperplasie der Becherzellen in den Atemwegen (141).

# 4 PROBLEMSTELLUNG DER ARBEIT

Das Ziel dieser Arbeit ist es, die Rolle der Tyrosinkinase 2 (Tyk2) in einem murinen Modell allergischen Asthmas genauer zu untersuchen.

Die Beteiligung von Tyk2 an der Signaltransduktion vieler Zytokine, die entscheidend für die Differenzierung naiver T-Lymphozyten in verschiedene Subpopulationen sind, lässt darauf schließen, dass ein Fehlen des Moleküls zu schwerwiegenden Störungen der Immunfunktionen führt. Hier sind vor allem die Zytokine IL-6, IL-10, IL-12 und IL-23 zu nennen. Es konnte daher bereits bei einigen Erkrankungen eine Rolle von Tyk2 nachgewiesen werden, darunter Virusinfektionen, Autoimmunkrankheiten und verschiedene Tumoren.

In einer ersten Untersuchung von Seto et al. (141) konnte bereits gezeigt werden, dass Tyk2-defiziente Mäuse im Vergleich zu Wildtyp-Mäusen eine stärkere Asthma-Symptomatik aufweisen.

Es soll nun analysiert werden, ob diese Symptomatik auch in den hier benutzten Tyk2-defizienten Mäusen und dem verwendeten Modell allergischen Asthmas vorliegt. Die beiden Tyk2-defizienten Mausstämme wurden unabhängig voneinander kreiert, so dass gewisse Unterschiede in der Reaktion auf ein Allergen denkbar sind. Zudem wurde in der Studie von Seto et al. der Einfluss von Mastzellen und Th17-Zellen auf allergisches Asthma nur unzureichend untersucht. Ein weiteres Ziel ist es daher, zu überprüfen, wie groß der Einfluss dieser Zelltypen auf die Ausprägung der Asthma-Symptomatik ist. Hierbei soll ein Mechanismus gefunden werden, der die Rolle von Th17-Zellen und deren Leitzytokin IL-17A bei der Entstehung von allergischem Asthma beschreibt. Zudem soll die Rolle der regulatorischen T-Lymphozyten in diesem Krankheitsmodell näher untersucht werden. Diese Zellen wirken immunsuppressiv und tragen daher zu einer Linderung der Asthma-Symptomatik bei. Ziel ist es dabei, festzustellen, ob Tyk2 einen Einfluss auf die Anzahl und Funktionalität der regulatorischen T-Lymphozyten hat.

# 5 MATERIAL UND METHODEN

## 5.1 Material

### 5.1.1 Laborgeräte

*Tabelle 5-1 Laborgeräte*

| Gerät | Hersteller |
|---|---|
| Absorptionsreader MRX TC Revelation | Dynex Technologies GmbH, Denkendorf |
| Aerosol-Expositionssystem | FMI GmbH, Seeheim-Oberbeerbach |
| $CO_2$-Inkubator HERAcell 150i | Thermo Fisher Scientific, Waltham, MA, USA |
| Zytospinzentrifuge Cytospin 4 | Shandon, Thermo Scientific Waltham, MA, USA |
| Dispergiergerät Miccra D1 | ART Prozess- und Labortechnik GmbH, Müllheim |
| Durchflusszytometer BD FACS Calibur™ | BD Biosciences, Heidelberg |
| Elektrophorese-Kammer für SDS-PAGE Mini-PROTEAN® 3 Cell | Bio-Rad Laboratories GmbH, München |
| Entwicklungsmaschine | Kodak GmbH, Stuttgart |
| Ganzkörperplethysmograph | Buxco Electronics, Sharon, CT, USA |
| Gel-Dokumentationssystem | Intas Science Imaging Instruments GmbH, Göttingen |
| Heizblock Thermomixer Comfort | Eppendorf AG, Hamburg |
| Kompaktschüttler KS 15A | Johanna Otto GmbH, Hechingen |
| Magnetrührer MR3001 | Heidolph Instruments GmbH, Schwabach |
| Mikroskop Observer D.1 | Carl Zeiss GmbH, Jena |
| Neubauerkammer | Carl Roth GmbH + Co. KG, Karlsruhe |
| pH-Meter InoLab® | WTW Wissenschaftlich-Technische Werkstätten GmbH, Weilheim |
| Pipetten | Eppendorf AG, Hamburg |
| Pipettierhilfe | Hirschmann Laborgeräte GmbH, Heilbronn |
| Plethysmograph für invasive Messung der AHR | Buxco Electronics, Sharon, CT, USA |
| Reagenzglasschüttler Reax Control | Heidolph Instruments GmbH, Schwabach |
| Spektrophotometer Nanodrop | Peqlab Biotechnologie GmbH, Erlangen |
| Sterilbank Herasafe KS | Thermo Fisher Scientific, Waltham, MA, USA |
| Thermocycler Primus 25 advanced | PeqLab Biotechnologie GmbH, Erlangen |
| Thermocycler peqSTAR 96 Universal | PeqLab Biotechnologie GmbH, Erlangen |
| Thermocycler für qPCR CFX-96 | Bio-Rad Laboratories GmbH, München |
| Ultraschallbad Sonorex RK 510S | Bandelin Elektronic GmbH, Berlin |
| Vakuumpumpe MINI VAC E1 | PeqLab Biotechnologie GmbH, Erlangen |
| Waage AE50 | Mettler, Basel, Schweiz |
| Waage PM300 | Mettler, Basel, Schweiz |
| Washer für 96-Well-Platten | iLF-Bioserve, Langenau |
| Wasserbad | Memmert GmbH, Schwabach |
| Western-Blot-Apparatur Mini-PROTEAN® 3 Cell | Bio-Rad Laboratories GmbH, München |
| Zellzählgerät CASY 1 Cell Counter Modell TT | Schärfe Systeme GmbH, Reutlingen |
| Zentrifugen | Tischzentrifuge, Eppendorf AG, Hamburg  Kühlzentrifuge, Eppendorf AG, Hamburg |
| Zubehör für MACS®-Isolation (Säulen, Magnete) | Miltenyi Biotec GmbH, Bergisch-Gladbach |

*Tabelle 5-2 Verbrauchsmaterialien*

| Gefäß | Hersteller |
|---|---|
| Petrischale | Cellstar, Greiner Bio-One GmbH, Frickenhausen |
| 24-Well-Platte | Cellstar, Greiner Bio-One GmbH, Frickenhausen |
| 48-Well-Platte | Cellstar, Greiner Bio-One GmbH, Frickenhausen |
| 96-Well-Platte | Cellstar, Greiner Bio-One GmbH, Frickenhausen |
| MaxiSorp 96-Well-Platte für ELISA | Nunc, Thermo Fisher Scientific, Waltham, MA, USA |
| Multiplate® Low 96 well clear für qPCR | Bio-Rad Laboratories GmbH, München |
| 15 ml-Röhrchen | Greiner Bio-One GmbH, Frickenhausen |
| 50 ml-Röhrchen | Greiner Bio-One GmbH, Frickenhausen |
| 0,2 ml-Reaktionsgefäß für PCR | VWR International GmbH, Darmstadt |
| 0,5 ml-Reaktionsgefäß | Eppendorf AG, Hamburg |
| 1,5 ml-Reaktionsgefäß | Eppendorf AG, Hamburg |
| 2,0 ml-Reaktionsgefäß | Eppendorf AG, Hamburg |
| FACS-Röhrchen | BD Biosciences, Heidelberg |
| Plastikpipetten steril (5; 10; 25; 50 ml) | Greiner Bio-One GmbH, Frickenhausen |
| Spritzen Omnifix®-F | B. Braun Melsungen AG, Melsungen |
| Spritzen Injekt-F | B. Braun Melsungen AG, Melsungen |
| Sterican®-Insulinkanüle G26 | B. Braun Melsungen AG, Melsungen |

## 5.1.2 Chemikalien

*Tabelle 5-3 Chemikalien*

| Chemikalie | Hersteller |
|---|---|
| 10x Permwash Konzentrat | ebioscience, Frankfurt |
| 3,3'5,5'Tetramethylbenzidin | Sigma-Aldrich Chemie GmbH, München |
| 5x-Puffer für Reverse Transkriptase | Fermentas GmbH, St. Leon-Rot |
| Aceton | Carl Roth GmbH + Co. KG, Karlsruhe |
| Agarose | STARLAB GmbH, Ahrensburg |
| Aluminiumkaliumdisulfat ($AlK(SO_4)_2$) | Sigma-Aldrich Chemie GmbH, München |
| Ammoniumchlorid ($NH_4Cl$) | Carl Roth GmbH + Co. KG, Karlsruhe |
| Ammoniumperoxodisulfat (APS) | Carl Roth GmbH + Co. KG, Karlsruhe |
| Aprotinin | Sigma-Aldrich Chemie GmbH, München |
| Assay Diluent | BD Biosciences, Heidelberg |
| BD Golgi-Stop™ Protein Transport Inhibitor | BD Biosciences, Heidelberg |
| β-Mercaptoethanol | Carl Roth GmbH + Co. KG, Karlsruhe |
| Bovines Serumalbumin Fraktion V (BSA) | Serva Electrophoresis GmbH, Heidelberg |
| Bovines Serumalbumin Fraktion V (BSA) purified | Sigma-Aldrich Chemie GmbH, München |
| Bradford-Lösung | Bio-Rad Laboratories GmbH, München |
| Casy®Clean Lösung | Roche Diagnostics GmbH, Mannheim |
| Casy®ton Lösung | Roche Diagnostics GmbH, Mannheim |
| Chloroform | Carl Roth GmbH + Co. KG, Karlsruhe |
| Citronensäure-Monohydrat | Carl Roth GmbH + Co. KG, Karlsruhe |
| Desoxy-Nukleosid-Triphosphate (dNTPs) | Promega GmbH, Mannheim |
| DiffQuick® | Harleco, Gibbstown, NJ, USA |
| Dinatriumcarbonat ($Na_2CO_3$) | Carl Roth GmbH + Co. KG, Karlsruhe |
| Dinatrium-EDTA | Carl Roth GmbH + Co. KG, Karlsruhe |
| DNase | Roche Diagnostics GmbH, Mannheim |
| ECL System | GE Healthcare Europe GmbH, Freiburg |
| ECL-Hyperfilm | Kodak GmbH, Stuttgart |
| Entellan Mounting Medium | Merck KGaA, Darmstadt |
| Entwickler | Kodak GmbH, Stuttgart |
| Essigsäure | Carl Roth GmbH + Co. KG, Karlsruhe |
| Ethanol | Carl Roth GmbH + Co. KG, Karlsruhe |

MATERIAL UND METHODEN 33

| Chemikalie | Hersteller |
|---|---|
| Ethidiumbromid | Carl Roth GmbH + Co. KG, Karlsruhe |
| FCS (Foetal calf serum) | PAA Laboratories GmbH, Cölbe |
| Fixierer | Kodak GmbH, Stuttgart |
| Formaldehyd (37 %) | Merck KGaA, Darmstadt |
| GelRed® | Biotium Inc., Hayward, CA, USA |
| Glycerin | Merck KGaA, Darmstadt |
| Glycin | Carl Roth GmbH + Co. KG, Karlsruhe |
| Glykogen | Carl Roth GmbH + Co. KG, Karlsruhe |
| Igepal® (NP-40) | Sigma-Aldrich Chemie GmbH, München |
| Ionomycin | Sigma-Aldrich Chemie GmbH, München |
| Isopropanol | Carl Roth GmbH + Co. KG, Karlsruhe |
| Kaliumchlorid (KCl) | Merck KGaA, Darmstadt |
| Kaliumhydrogencarbonat ($KHCO_3$) | Carl Roth GmbH + Co. KG, Karlsruhe |
| Ketamin | Ratiopharm GmbH, Ulm |
| Kollagenase Typ Ia | Sigma-Aldrich Chemie GmbH, München |
| L-Glutamin | Invitrogen GmbH, Darmstadt |
| Methacholin | Sigma-Aldrich Chemie GmbH, München |
| Methanol | Carl Roth GmbH + Co. KG, Karlsruhe |
| Milchpulver | AppliChem GmbH, Darmstadt |
| M-MuLV Reverse Transkriptase | Fermentas GmbH, St. Leon-Rot |
| N, N, N´, N´-Tetramethylendiamin (TEMED) | Carl Roth GmbH + Co. KG, Karlsruhe |
| Natriumchlorid (NaCl) | Carl Roth GmbH + Co. KG, Karlsruhe |
| Natriumdihydrogenphosphat ($NaH_2PO_4$) | Carl Roth GmbH + Co. KG, Karlsruhe |
| Natriumdodecylsulfat (SDS) | Carl Roth GmbH + Co. KG, Karlsruhe |
| Natriumhydrogencarbonat ($NaHCO_3$) | Carl Roth GmbH + Co. KG, Karlsruhe |
| Natriumhydroxid (NaOH) | Carl Roth GmbH + Co. KG, Karlsruhe |
| Nitrocellulose-Membran (0,45 µm Porengröße) | Whatman GmbH, Dassel |
| Ovalbumin (Albumin chicken egg, 5x crystalline) | Calbiochem GmbH, Bad Soden |
| Page Ruler Prestained Protein Ladder | Fermentas GmbH, St. Leon-Rot |
| Paraformaldehyd | Carl Roth GmbH + Co. KG, Karlsruhe |
| Penicillin/Streptomycin Lösung | Invitrogen GmbH, Darmstadt |
| PeqGold RNAPure™ | PeqLab Biotechnologie GmbH, Erlangen |
| Permfix Puffer | ebioscience, Frankfurt |
| Phorbol-12-myristate 13-acetate (PMA) | Sigma-Aldrich Chemie GmbH, München |
| Phosphate buffered saline (PBS) | Invitrogen GmbH, Karlsruhe |
| Phosphate buffered saline + EDTA (PBS-EDTA) | Lonza GmbH, Köln |
| Proteinase K | Roche Diagnostics GmbH, Mannheim |
| Random Hexamer Primer | Fermentas GmbH, St. Leon-Rot |
| REDTaq® ReadyMix™ PCR Reaction Mix with $MgCl_2$ | Sigma-Aldrich Chemie GmbH, München |
| RiboLock™ RNase-Inhibitor | Fermentas GmbH, St. Leon-Rot |
| Rompun® (Xylazin) | Bayer AG, Leverkusen |
| Roti-Load | Carl Roth GmbH + Co. KG, Karlsruhe |
| Rotiphorese® Gel 40 | Carl Roth GmbH + Co. KG, Karlsruhe |
| RPMI 164 | Invitrogen GmbH, Karlsruhe |
| Salzsäure | Carl Roth GmbH + Co. KG, Karlsruhe |
| Schwefelsäure | Carl Roth GmbH + Co. KG, Karlsruhe |
| SsoFast™ EvaGreen® Supermix für qPCR | Bio-Rad Laboratories GmbH, München |
| Sterofundin | B. Braun Melsungen AG, Melsungen |
| Tris-Base | Carl Roth GmbH + Co. KG, Karlsruhe |
| Tris-HCl | Carl Roth GmbH + Co. KG, Karlsruhe |
| Trypsininhibitor | Sigma-Aldrich Chemie GmbH, München |
| Tween-20 | Carl Roth GmbH + Co. KG, Karlsruhe |
| Wasser (Nuklease-frei) | Fermentas GmbH, St. Leon-Rot |
| Wasser (steril, zur Injektion) | B. Braun Melsungen AG, Melsungen |
| Wasserstoffperoxid ($H_2O_2$) | Carl Roth GmbH + Co. KG, Karlsruhe |
| Whatman 3mm-Papier | Whatman GmbH, Dassel |

**Tabelle 5-4** *Kits für ELISA*

| ELISA-Kit | Hersteller |
|---|---|
| IL-1β | DuoSet® R&D Systems GmbH, Wiesbaden |
| IL-3 | BD OptEIA™ BD Biosciences, Heidelberg |
| IL-4 | BD OptEIA™ BD Biosciences, Heidelberg |
| IL-5 | BD OptEIA™ BD Biosciences, Heidelberg |
| IL-9 | Ready-Set-Go!® ebioscience, Frankfurt |
| IL-10 | BD OptEIA™ BD Biosciences, Heidelberg |
| IL-13 | DuoSet® R&D Systems GmbH, Wiesbaden |
| IL-17A | DuoSet® R&D Systems GmbH, Wiesbaden |
| IL-17AF | Ready-Set-Go!® ebioscience, Frankfurt |
| IL-17F | DuoSet® R&D Systems GmbH, Wiesbaden |
| IFNγ | BD OptEIA™ BD Biosciences, Heidelberg |
| IgE | BD OptEIA™ BD Biosciences, Heidelberg |
| IgG$_1$ | Matched Antibody Pairs, BD Biosciences, Heidelberg |
| IgG$_{2a}$ | BD OptEIA™ BD Biosciences, Heidelberg |
| TGFβ | DuoSet® R&D Systems GmbH, Wiesbaden |

**Tabelle 5-5** *Verwendete Antikörper und Zytokine*

| Reagenz | Hersteller |
|---|---|
| Anti-CD28 | |
| Anti-CD3 | |
| Anti-GITR | Aufgereinigt aus Überständen von |
| Anti-IFNγ | Hybridomazellkulturen |
| Anti-IL-4 | |
| Rekombinantes IL-1β | PeproTech GmbH, Hamburg |
| Rekombinantes IL-2 | PeproTech GmbH, Hamburg |
| Rekombinantes IL-4 | PeproTech GmbH, Hamburg |
| Rekombinantes IL-6 | PeproTech GmbH, Hamburg |
| Rekombinantes IL-17A | R&D Systems GmbH, Wiesbaden |
| Rekombinantes IL-21 | R&D Systems GmbH, Wiesbaden |
| Rekombinantes IL-23 | R&D Systems GmbH, Wiesbaden |
| Rekombinantes TGFβ | PeproTech GmbH, Hamburg |

**Tabelle 5-6** *Verwendete Antikörper für die durchflusszytometrische Analyse*

| Antikörper | Hersteller |
|---|---|
| CCR3 | BD Biosciences, Heidelberg |
| CD3 | ebioscience, Frankfurt |
| CD4 | ebioscience, Frankfurt |
| CD25 | ebioscience, Frankfurt |
| CD45R | ebioscience, Frankfurt |
| CD117 (cKit) | ebioscience, Frankfurt |
| CD123 | ebioscience, Frankfurt |
| FcεRIα | ebioscience, Frankfurt |
| Foxp3 | Miltenyi Biotec GmbH, Bergisch Gladbach |
| Gr-1 | BD Biosciences, Heidelberg |
| GITR | ebioscience, Frankfurt |
| IL-17A | ebioscience, Frankfurt |
| IL-17R | R&D Systems GmbH, Wiesbaden |

## 5.2 Methoden

### 5.2.1 *In vivo* Arbeiten

#### 5.2.1.1 Genotypisierung

Für diese Arbeit wurden Balb/c-, sowie Tyk2-defiziente Mäusen auf Balb/c-Hintergrund verwendet. Die Tyk2$^{(-/-)}$ Mäuse wurden freundlicherweise von Prof. Dr. Mathias Müller, Veterinärmedizinische Universität Wien, Österreich, zur Verfügung gestellt. Die Balb/c-Mäuse stammen aus der Zucht des Universitätsklinikums. Zur Identifizierung des Genotyps wurden die Mäuse am Ohr biopsiert. Diese Biopsien wurden anschließend in einem detergenzienhaltigen Puffer (Tabelle 5-7) bei 55 °C über Nacht verdaut, um die DNA zu extrahieren. Nach der Inaktivierung der Proteinase K durch Erhitzen auf 95 °C für fünf Minuten wurde die DNA dann in einer Polymerasekettenreaktion (PCR) mittels des REDTaq® Ready Mix™ PCR Reaction Mix und entsprechender Primer (Tabelle 5-9) amplifiziert. Abschließend wurde das Endprodukt der PCR auf ein Agarosegel (1,5 %) in TAE-Puffer (Tabelle 5-10) aufgetragen und im elektrischen Feld aufgetrennt. Die Überprüfung der dabei entstandenen Banden erfolgte nach Anfärbung mit einem DNA-interkalierenden Farbstoff (Ethidiumbromid oder GelRed®) unter UV-Licht. Bei 500 kb befindet sich im Gel die Wildtyp-Bande, bei 600 kb diejenige der Tyk2-defizienten Tiere.

*Tabelle 5-7 Ansatz des Verdaupuffers für eine Ohrbiopsie*

| *Komponente* | *Volumen* |
|---|---|
| PCR-Puffer (Tabelle 5-8) | 200 µl |
| Proteinase K (10 mg/ml) | 5 µl |
| Tween 20 | 1 µl |
| Igepal® (10%) | 1 µl |

*Tabelle 5-8 Zusammensetzung PCR-Puffer*

| Komponente | Konzentration |
|---|---|
| Tris-Base | 100 mM |
| EDTA | 500 mM |
| NaCl | 200 mM |
| SDS | 0,2 % |

*Tabelle 5-9 Verwendete Primer für Genotypisierung*

| Primer | Sequenz | Hersteller |
|---|---|---|
| Wt3 | 5'-GGT CCC GCA GAG ACA CCA CAT CGT TCA T-3' | Eurofins MWG Operon, Ebersberg |
| Wt5 | 5'-CCC AGC TCC ATC CAT CCT TTC CCT CCT T-3' | |
| Neo3 | 5'-GAA TGG GCT GAC CGC TTC CTC GTG CTT T-3' | |

*Tabelle 5-10 Zusammensetzung TAE-Puffer*

| Komponente | Konzentration |
|---|---|
| Tris | 400 mM |
| Na$_2$EDTA | 10 mM |
| Essigsäure | 200 mM |

### 5.2.1.2 Induktion allergischen Asthmas

In den entsprechenden Versuchen wurden Wildtyp und Tyk2$^{(-/-)}$-Mäuse im Alter von sechs bis neun Wochen eingesetzt. Dazu wurden die Mäuse an Tag 0 und an Tag 7 des Protokolls mit 100 µg einer Ovalbumin-Suspension (OVA) intraperitoneal (i.p.) gespritzt. Es wurden zunächst zwei Lösungen hergestellt, zum einen OVA in 0,9 % NaCl sowie 10 % Aluminiumkaliumdisulfat (Alum) in destilliertem H$_2$O. Diese wurden vereinigt, so dass sich bei einem pH-Wert von 6,5 ein Komplex aus OVA und Alum bildete. An den Tagen 18 bis 20 des Protokolls erfolgte die Allergenkonfrontation, indem die Mäuse für 30 Minuten in einer Aerosolkammer einer OVA-Lösung (1 % in PBS) ausgesetzt wurden.

Bei einigen Versuchen erfolgte eine intranasale (i.n.) Behandlung der Mäuse. Diese wurden mit Ketamin-Xylazin sediert und die entsprechende Menge des zu verabreichenden Zytokins mit einer Pipette vorsichtig auf die Nase der Mäuse gegeben. Die Behandlung bei Versuchen mit rekombinantem IL-1β (1 µg in 50 µl) fand an Tag 14 statt. Bei rekombinantem IL-17A erfolgte sie an den Tagen 18 bis 20 des Protokolls (jeweils 100 ng in 25 µl) vor der Allergenkonfrontation. In verschiedenen Versuchen wurde ein Antikörper gegen GITR eingesetzt, von diesem wurde an den Tagen 15 und 18 des Protokolls, also zwischen Sensibilisierungs- und Konfrontationsphase, 200 µg i.p. verabreicht. Kontrolltiere wurden mit 200 µg IgG i.p. behandelt.

### 5.2.1.3 Messung des Atemwegswiderstands

Die Messung des Atemwegswiderstands (AHR) ist ein wichtiger Parameter bei der Feststellung der Schwere einer allergischen Reaktion. Dazu werden zwei verschiedene Methoden eingesetzt. Zum einen ist es möglich, diese Messung invasiv durchzuführen, sie erfolgte dann an Tag 21 des Protokolls. Zuerst werden dabei die Mäuse narkotisiert, danach erfolgen eine Tracheotomie und die Intubation mit einem Ösophagus- und einem Tracheaschlauch. Der Ösophagusschlauch ist mit einem Transducer für den Druck sowie einem Wassermanometer verbunden. In einem Plethysmographen wurden die Mäuse mechanisch ventiliert und aerosoliertes Methacholin (MCh) in verschiedenen Konzentrationen (0,1; 1; 3; 10; 30 mg/ml) durch eine Tracheakanüle verabreicht. Der Atemwegswiderstand errechnet sich dann durch den Vergleich des pulmonalen Druckes und des Körperdruckes und wird angegeben als „Resistance" (RI [cm $H_2O$ · sek/ml]). Der schematische Aufbau eines solchen Messgerätes ist in Abbildung 5-1 gezeigt.

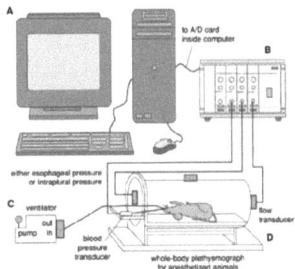

*Abbildung 5-1 Aufbau eines invasiven Systems der Firma Buxco A: Software, B: MAXII Einheit mit Vorverstärker, C: Ventilator, D: Mauskammer (142)*

Zum anderen ist es möglich, den Atemwegswiderstand in einem nicht-invasiven Verfahren mit einem Ganzkörperplethysmographen zu bestimmen. In diesem Fall erfolgte die Messung bereits an Tag 20 des Protokolls, jedoch wurden die Mäuse erst einige Stunden nach der erfolgten Allergenkonfrontation für die Messung herangezogen. Die Mäuse wurden dazu in die Kammern des Ganzkörperplethysmographen gesetzt und aerosoliertem MCh verschiedener Konzentrationen (12,5; 25; 50 mg/ml) ausgesetzt, das von oben in die einzelnen Kammern einströmte. Der Atemwegswiderstand wird hier als $P_{enh}$ („pause enhanced") angegeben und errechnet sich aus der Exspirationszeit, der Zeit in der 65 % des Volumens exspiriert werden, und dem Quotienten aus der maximalen Exspirationshöhe und der maximalen Inspirationshöhe (Formel 5-1). Abbildung 5-2 zeigt den Verlauf der Atmung dargestellt als Kurve. Nach der Gabe eines Bronchokonstriktors, z.b. Rezeptoragonisten wie MCh oder Acetylcholin, kommt es zur Verengung der Atemwege. Daraufhin steigen $T_e$ und *PEF* an, während $T_r$ und *PIF* sinken. Es kommt so zu einem deutlichen Anstieg von $P_{enh}$, der bei Asthmatikern und allergenkonfrontierten Mäusen stärker ausfällt als bei Kontrollen.

***Formel 5-1*** *Berechnung von $P_{enh}$ ($T_e$: Exspiratory Time, $T_r$: Zeit, in der ca. 65% des Volumens exspiriert werden, PEF: Peak Exspiratory Flow, PIF: Peak Inspiratory Flow)*

$$P_{enh} = \left(\frac{T_e}{T_r} - 1\right) \cdot \left(\frac{PEF}{PIF}\right)$$

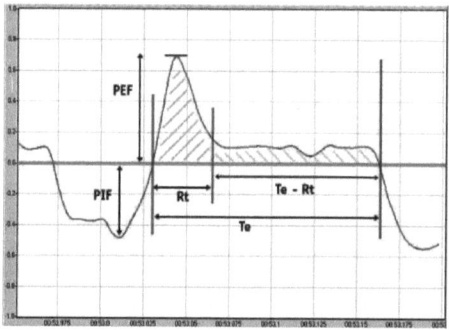

***Abbildung 5-2*** *Diagramm zum Verlauf der Atmung (nach www.buxco.com)*

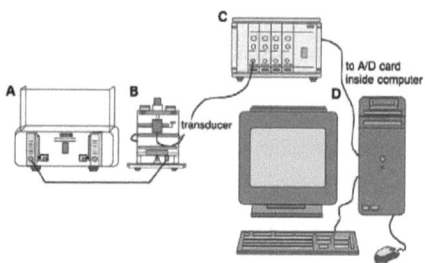

***Abbildung 5-3*** *Aufbau eines nicht-invasiven Ganzkörperplethysmographen der Firma Buxco. A: Bias Flow Supply, B: Mauskammer, C: MAXII Einheit mit Vorverstärkern, D: Software (142)*

## 5.2.1.4 Gewinnung der Bronchoalveolären Lavage (BAL)

Die bronchoalveoläre Lavage wird 24 Stunden nach der letzten Allergenkonfrontation wie in Maxeiner et al. beschrieben durchgeführt (143). Dazu wurden die Mäuse narkotisiert und tracheotomiert. Im Anschluss daran wurde eine Kanüle in die Trachea eingeführt, die dann mit einer Spritze verbunden wurde. Über diese wurden danach zweimal je 800 µl Sterofundin in die Lunge gegeben und diese damit lavagiert. Die BAL-Flüssigkeit (BALF) wurde anschließend bei 1.500 rpm und 4 °C fünf Minuten zentrifugiert, der Überstand abgenommen und für die weitere Analyse mittels ELISA bei -80 °C gelagert. Das Zellpellet wurde in PBS resuspendiert und die Zellzahl bestimmt. $1 \cdot 10^5$ Zellen wurden dann zur Differentialanalyse auf mit Polylysin beschichtete Objektträger zentrifugiert. Dies geschah in einer Zytospinzentrifuge bei 500 rpm für fünf Minuten. Die Zytospins wurden nach dem Trocknen mit einer Haematoxylin-Eosin-Lösung (DiffQuick®) angefärbt, um so die einzelnen Zelltypen bestimmen und auszählen zu können. Dazu wurden pro Zytospin 200 Zellen gezählt.

Es ist auch möglich, die BAL-Zellen durchflusszytometrisch zu analysieren. Dazu wurden $5 \cdot 10^5$ Zellen mit Antikörpern gegen CD3, CD45R, Gr-1 und CCR3 inkubiert. Die im Durchflusszytometer dargestellte $CD3^-CD45R^-Gr-1^+CCR3^+$-Population enthält eosinophile Granulozyten, die $CD3^-CD45R^-Gr-1^+CCR3^-$-Population die neutrophilen Granulozyten. Die $CD3^+$-Fraktion beinhaltet Lymphozyten.

### 5.2.2 Primärzellkulturen aus der Maus

#### 5.2.2.1 Organpräparation

Zur Organentnahme wurden die Mäuse entweder durch zervikale Dislokation oder eine Überdosis Narkosemittel getötet. Danach wurde der Brustkorb der Mäuse eröffnet und die Lunge unter sterilen Bedingungen entnommen. Ein Teil des linken Flügels wurde für die histologische Analyse in einer 4 % Formaldehyd-Lösung fixiert. In einigen Versuchen wurden ebenfalls Teile des rechten Flügels zur Untersuchung der Protein- und RNA-Expression entnommen und in flüssigem Stickstoff konserviert. Die restliche Lunge wurde für die Gesamtzellisolation verwendet. Bei verschiedenen Versuchen wurde auch die Milz steril entnommen, indem die linke Flanke eröffnet wurde. Mittels einer Spritze wurde abschließend Blut aus dem Herzen entnommen. Dieses wurde koaguliert und bei 1.500 rpm

30 Minuten zentrifugiert. Das Serum wurde abgenommen und bis zur weiteren Analyse bei -20 °C gelagert.

#### 5.2.2.2 Gesamtzellisolation

Zuerst erfolgte die Isolation von Gesamtzellen aus Lunge oder Milz nach Sauer et al. (144). Da Lungengewebe viel Kollagen enthält, in dem die Zellen eingebettet sind, ist es zunächst nötig, bei diesem Organ einen Verdau des Kollagens durchzuführen. Dazu wurde die Lunge mit einem Skalpell in kleine Stücke geschnitten und diese dann in einer Kollagenase-DNase-Lösung (Tabelle 5-11) bei 37 °C unter ständigem Schütteln für 45 Minuten verdaut. Danach wurde die Suspension durch ein Zellsieb mit der Porengröße 40 µm gedrückt, um die Zellen zu vereinzeln. Die so isolierten Zellen wurden dann mittels Zentrifugation bei 1.200 rpm und 4 °C für 10 Minuten pelletiert. Der Überstand wird verworfen und im Anschluss erfolgte die Lyse der Erythrozyten durch eine zweiminütige Inkubation mit ACK-Lyse-Puffer (Tabelle 5-11). Nach einer erneuten Zentrifugation bei 1.500 rpm und 4 °C für fünf Minuten wurde der Überstand abgekippt und die Zellen in PBS gewaschen, um sie von störendem Fett zu trennen. Nach einer abschließenden Zentrifugation (1.500 rpm, 4 °C, 5 Min.) wurde der Überstand abgesaugt, die Zellen in MACS-Puffer (Tabelle 5-11) resuspendiert und die Zellzahl bestimmt.

Bei der Milz entfällt lediglich der Verdau des Kollagens, das Organ wird direkt durch das Zellsieb gedrückt, danach erfolgt die Zellisolation wie oben angegeben.

*Tabelle 5-11 Puffer für Gesamtzellisolation*

| Puffer | Komponente | Konzentration |
|---|---|---|
| Kollagenase-DNase-Lösung | PBS | |
| | Kollagenase Typ Ia | 300 U/ml |
| | DNase [10 mg/ml] | 0,01 % |
| ACK-Lyse-Puffer (pH 7,2-7,4) | NH₄Cl | 0,15 M |
| | KHCO₃ | 0,1 mM |
| | Na₂-EDTA | 0,1 mM |
| MACS-Puffer | PBS-EDTA | |
| | BSA | 0,5 % |

#### 5.2.2.3 Immunmagnetische Zellseparation

Die so isolierten Gesamtzellen wurden bei verschiedenen Versuchen zur Isolation von $CD4^+$-T-Lymphozyten eingesetzt. Diese Isolation erfolgte mittels der MACS®-Technik

("Magnetic Activated Cell Sorting") der Firma Miltenyi Biotec, wobei die Zellen durch Bindung an magnetische „Beads", die für das jeweilige Oberflächenantigen spezifisch sind, abgetrennt werden.

Die Gesamtzellen wurden im ersten Schritt in einer Konzentration von $10^7$ Zellen pro 900 µl in MACS-Puffer aufgenommen und mit $CD4^+$-Beads 15 Minuten bei 4 °C inkubiert. Dabei werden 10 µl Beads je $10^7$ Zellen eingesetzt. Die Reaktion wurde dann mit MACS-Puffer abgestoppt. Nach einem Zentrifugationsschritt (300 g, 4 °C, 10 Minuten) wurde der Überstand verworfen und die Zellen in der entsprechenden Menge MACS-Puffer aufgenommen. Nun wurden die MACS-Separationssäulen in der MACS-Vorrichtung befestigt und mit MACS-Puffer äquilibriert. Die Zellsuspension wurde danach auf die Säule gegeben, wodurch alle Zellen, die das entsprechend markierte Oberflächenantigen tragen, im Magnetfeld der Säule gehalten werden. Nach mehrmaligem Spülen der Säule wurde dann die Positivfraktion durch Herunterdrücken des Kolbens in ein Reaktionsgefäß isoliert.

Naive T-Lymphozyten tragen neben dem charakteristischen Oberflächenmarker CD4 auch CD62L auf ihrer Oberfläche. Diese Population findet sich vor allem in lymphatischen Organen, wie Lymphknoten und Milz. In einigen Versuchen wurden die Milzzellen naiver Mäuse zur Isolation der $CD4^+CD62L^+$-T-Lymphozyten herangezogen. Auch hier kam die MACS-Technologie der Firma Miltenyi Biotec zur Anwendung.

Im ersten Schritt wurden die Gesamtzellen in MACS-Puffer zu einer Konzentration von 400 µl je $10^8$ Zellen aufgenommen. Es wurden 100 µl $CD4^+$-T-Zell-Biotin-Antikörper je $10^8$ Zellen zugegeben. Dieser Cocktail enthält Antikörper gegen die für bestimmte Leukozytenpopulationen charakteristischen Oberflächenmarker CD8, CD11b, CD25, CD45R, CD49b, γδTCR sowie Ter-119. Dadurch sind nur die $CD4^+$-T-Lymphozyten nicht an Antikörper gebunden. Die Proben wurden für zehn Minuten bei 4 °C inkubiert. Anschließend erfolgte die magnetische Kennzeichnung der Antikörper-markierten Zellen mittels Anti-Biotin-Microbeads, indem 300 µl Puffer und 200 µl Beads zu $10^8$ Zellen gegeben wurden. Nach einer Inkubation für 15 Minuten bei 4 °C wurde die Reaktion mit MACS-Puffer abgestoppt und die Proben erneut zentrifugiert (300 g, 4 °C, 10 Minuten). Danach wurde der Überstand verworfen, das Zellpellet in 500 µl Puffer je $10^8$ Zellen resuspendiert und auf die vorbereitete MACS-Separationssäule pipettiert. Anschließend wurde die Säule mehrmals mit Puffer gespült. Der Durchfluss wurde aufgefangen, da dieser die $CD4^+$-T-Lymphoyzten enthielt. Diese wurden zunächst abzentrifugiert (300 g, 4°C,

10 Minuten) und dann in 800 µl MACS-Puffer aufgenommen. Nun wurden 200 µl CD62L-Microbeads zugegeben und die Proben für 15 Minuten bei 4 °C inkubiert. Zu einem erneuten Waschschritt wurden die Zellen bei 300 g und 4 °C für 10 Minuten zentrifugiert, anschließend in 500 µl Puffer resuspendiert und auf die MACS-Separationssäule gegeben. Die $CD4^+CD62L^+$-T-Lymphozyten wurden nach mehrmaligem Spülen der Säule durch Herunterdrücken des Kolbens in MACS-Puffer isoliert.

### 5.2.3 Zellkultur

#### 5.2.3.1 Zytokinfreisetzung

Die aus der Lunge isolierten Zellpopulationen wurden in Zellkulturplatten mit einer Konzentration von $1 \cdot 10^6$ pro Milliliter Medium (Tabelle 5-12) ausgesät, wo sie durch anti-CD3 und anti-CD28 Antikörper stimuliert wurden. Dies bewirkt, dass die in der Kultur enthaltenen T-Lymphozyten zur Zytokinsynthese angeregt werden. Während anti-CD28 direkt ins Medium gegeben wurde, erfolgte die Stimulation durch anti-CD3 mittels Beschichtung der einzelnen Vertiefungen von Zellkulturplatten. Dazu wurde anti-CD3 (2 µg/ml) in 0,5 M $NaHCO_3$ auf die Platten pipettiert und für 60 Minuten bei 37 °C inkubiert. Nach einem Waschschritt mit PBS wurden die Zellen ausgesät. Nach 24-stündiger Inkubation bei 37 °C und 5 % $CO_2$ wurden die Überstände abgenommen und bis zur weiteren Analyse mittels ELISA bei -80 °C gelagert. Die Zellen wurden in PeqGold RNA Pure™ zur späteren RNA-Extraktion geerntet und ebenfalls bei -80 °C gelagert.

*Tabelle 5-12 Zusammensetzung Zellkulturmedium*

| Komponente | Konzentration |
|---|---|
| RPMI 1640 (+ L-Glutamin) | |
| FCS | 10 % |
| Penicillin/Streptomycin | 1 % |

#### 5.2.3.2 Th17 Skewing

Naive T-Lymphozyten können abhängig vom jeweiligen Zytokinmilieu in verschiedene T-Helferzell-Populationen differenzieren. In den durchgeführten Versuchen wurde das Differenzierungsverhalten bezüglich der Th17-Subpopulation von naiven $CD4^+CD62L^+$-Milzzellen aus Wildtyp-Mäusen mit dem von Zellen aus Tyk2-defizienten Mäusen verglichen.

Die Zellen wurden in der Konzentration von $2 \cdot 10^6$ pro Milliliter Medium in eine mit anti-CD3 beschichtete 48-Well-Zellkulturplatte ausgesät. Zum Medium wurden, wie in Tabelle 5-13 beschrieben, Zytokine gegeben.

*Tabelle 5-13* Konditionen des Th17 Skewings

| Zytokin | Kondition 1 | Kondition 2 | Kondition 3 | Kondition 4 | Kondition 5 | Kondition 6 |
|---|---|---|---|---|---|---|
| Anti-CD3 | + | + | + | + | + | + |
| Anti-CD28 | 2 µg/ml | 2 µg/ml | 2 µg/ml | 2 µg/ml | 2 µg/ml | 2 µg/ml |
| Anti-IL-4 | 10 µg/ml | 10 µg/ml | 10 µg/ml | 10 µg/ml | 10 µg/ml | 10 µg/ml |
| Anti-IFNγ | 10 µg/ml | 10 µg/ml | 10 µg/ml | 10 µg/ml | 10 µg/ml | 10 µg/ml |
| rTGFβ | 3 ng/ml | 3 ng/ml | 3 ng/ml | 3 ng/ml | 3 ng/ml | 3 ng/ml |
| rIL-6 | 20 ng/ml | - | - | 20 ng/ml | 20 ng/ml | - |
| rIL-21 | - | 80 ng/ml | - | 80 ng/ml | - | - |
| rIL-23 | - | - | 50 ng/ml | - | 50 ng/ml | - |

In einem zweiten Ansatz wurden alle Reagenzien entsprechend eingesetzt, lediglich auf TGFβ wurde verzichtet. In einer weiteren Versuchsreihe wurde zusätzlich rekombinantes IL-1β (20ng/ml) zu allen Proben gegeben. Nach drei Tagen Inkubation bei 37 °C, 5 % $CO_2$ wurden die Zellen gesplittet und mit Medium mit 100 U IL-2 restimuliert. An Tag fünf wurden die Überstände abgenommen und die Zellen in PeqGold RNA Pure™ geerntet.

### 5.2.4 Histologie

Die histologische Untersuchung des Lungengewebes erfolgte in freundlicher Kooperation mit Prof. Dr. Lehr, Institut für Pathologie, Universität Lausanne, Schweiz, sowie Prof. Dr. Rieker, Institut für Pathologie, Universitätsklinikum Erlangen.

Frisch entnommenes Lungengewebe wurde in 4 % Formaldehyd-Lösung fixiert und in Paraffin eingebettet. Danach wurden Dünnschnitte (ca. 6 µm) hergestellt, die nach verschiedenen standardisierten Protokollen gefärbt wurden. Zur Feststellung der Schwere der Entzündung des Gewebes wurde dieses mit Haematoxylin-Eosin (HE) gefärbt und der Grad der Entzündung nach Doganci et al. ermittelt (145). Dabei färbt Haematoxylin vor allem basophile Strukturen wie Zellkerne und das endoplasmatische Retikulum blau an, während Eosin acidophile bzw. eosinophile Bestandteile rot anfärbt, darunter befinden sich unter anderem Plasmaproteine. Des Weiteren wurde eine Periodic-Acid-Schiff-Färbung (PAS)-Färbung durchgeführt, wodurch die Mukusproduktion in Bronchien quantifiziert werden kann. Dabei oxidiert Periodsäure Glycolgruppen zu Aldehydgruppen. An diese bindet dann das Schiffsche Reagenz, wodurch die charakteristische Farbe des Mukus entsteht. Für die Färbung von Zellkernen wird Hämalaun verwendet. Dadurch erscheint Mukus durch die darin enthaltenen neutralen Mucopolysaccharide rot bis pink, die Zellkerne blauviolett und das Zytoplasma rosa.

### 5.2.5 Western Blot

Zur semi-quantitativen Untersuchung zellulärer Proteine wurde die Western Blot-Analyse durchgeführt. Dabei wird zunächst Lungengewebe homogenisiert und daraus die Gesamtproteine extrahiert. Im nächsten Schritt erfolgt die Denaturierung der Proteine, die dann in einem SDS-Polyacrylamid-Gel elektrophoretisch aufgetrennt werden. Danach werden diese ebenfalls mittels Elektrophorese auf eine Membran geblottet, die anschließend zur Immunodetektion der Proteine benutzt wird. Dazu wird die Membran mit Primärantikörpern gegen die interessierenden Proteine inkubiert. Anschließend erfolgt die Bindung Spezies-spezifischer Sekundärantikörper, die mit dem Enzym Meerrettichperoxidase (horseradish peroxidase, HRP) gekoppelt sind. Die Detektion geschieht dann mittels Chemolumineszenz. Dazu setzt die Meerrettichperoxidase das Substrat Luminol um. Die dabei entstehende Chemolumineszenz kann auf einem Film sichtbar gemacht werden.

### 5.2.5.1 Proteinextraktion

Zur Proteinextraktion wurde Lungengewebe in 400 µl Lysepuffer (Tabelle 5-14) mit einem Dispergierer homogenisiert. Anschließend wurde das Homogenat für zwei Minuten ins Ultraschallbad gegeben, um Zellmembranen mechanisch zu zerstören. Dann wurde 15 Minuten auf Eis inkubiert und abschließend für 30 Minuten bei 12.000 rpm und 4°C zentrifugiert. Der die Proteine enthaltende Überstand wurde dann in ein neues Reaktionsgefäß überführt, das Pellet verworfen.

*Tabelle 5-14* Zusammensetzung Lysepuffer (pro Probe)

| Komponente | Volumen [µl] |
|---|---|
| PBS | 325 |
| Aprotinin | 25 |
| Trypsininhibitor [5 mg/ml] | 25 |
| Igepal® (10 %) | 25 |

## 5.2.5.2 Proteinbestimmung

Zur Quantifizierung der in einer Probe enthaltenen Proteinmenge wurde die Konzentration kolorimetrisch mittels des Bradford-Assays bestimmt. Das Prinzip dieses Assay beruht auf der Veränderung des Absorptionsmaximums des Farbstoffs Coomassie® Brilliant Blue G-250 von 465 nm zu 595 nm durch Proteinbindung. Dazu wurde in Messküvetten 800 µl PBS vorgelegt, mit 200 µl Bradford-Reagenz (1:5 mit destilliertem $H_2O$ verdünnt) versetzt und abschließend 2 µl der Proteinlösung zugegeben. Nachdem die Probe geschüttelt worden war, erfolgte die Messung der Absorption bei 595 nm in einem Photometer. Zur Kalibrierung wurden BSA-Lösungen der Konzentrationen 2, 4, 6, 8 und 16 µg/ml hergestellt. Als Leerwert wurde die Absorption des Lysepuffers bestimmt. Anhand der dadurch gebildeten Standardkurve konnte dann die Proteinkonzentration der Proben errechnet werden. Es wurde eine Bestimmung der Proben und der Standards in Duplikaten durchgeführt.

## 5.2.5.3 SDS-PAGE

Die Sodiumdodecylsulfat-Polyacrylamid-Gelelektrophorese (SDS-PAGE) wird eingesetzt, um Proteine ihrer molekularen Masse nach im elektrischen Feld aufzutrennen. Dabei weisen leichte Proteine eine längere Laufstrecke im Gel auf als schwere Proteine. Ein dafür verwendetes Gel besteht aus einem Sammelgel, dort wandern alle Proteine einer Probe zu einer gemeinsamen Front, im sich daran anschließenden Trenngel erfolgt dann die eigentliche Auftrennung der Größe nach. Dies ist nur möglich, weil das stark negativ geladene SDS an die Proteine bindet und dadurch ihre Eigenladung überdeckt. Alle Proteine weisen somit eine identische Ladung auf.

Für die Gelelektrophorese wurden ein Trenngel (15 %) und ein Sammelgel (5 %) aus Polyacrylamid verwendet (Tabelle 5-15). Es wurden 30 µg Protein pro Probe eingesetzt. Das entsprechende Volumen des Lysats wurde mit Roti-Load Ladepuffer vermischt und mit $H_2O$ auf 20 µl Endvolumen aufgefüllt. Vor dem Auftragen auf das Gel musste die Probe fünf Minuten bei 95 °C denaturiert werden. Zur späteren Bestimmung der molekularen Masse der Proteine wurden 5 µl eines Proteinstandards aufgetragen.

*Tabelle 5-15 Puffer für Trenn- und Sammelgel für SDS-PAGE*

| Puffer | Komponente | Sammelgel (5 %) Volumen | Trenngel (10 %) Volumen |
|---|---|---|---|
| Gel | Sammelgel-Stammlösung | 5 ml | - |
| | Trenngel-Stammlösung | - | 10 ml |
| | APS (10 %) | 50 µl | 100 µl |
| | TEMED | 5 µl | 10 µl |
| Sammelgel-Stammlösung (12,5 ml) | $H_2O$ (dest.) | 8,2 ml | |
| | Rotiphorese Gel 40 | 1,2 ml | |
| | Gelpuffer (Tabelle 5-16) | 3,1 ml | |
| Trenngel-Stammlösung (30 ml) | $H_2O$ (dest.) | | 8,7 ml |
| | Rotiphorese Gel 40 | | 7,3 ml |
| | Gelpuffer (Tabelle 5-16) | | 10 ml |
| | Glycerin | | 4 ml |

*Tabelle 5-16 Zusammensetzung Puffer für SDS-PAGE*

| Puffer | Komponente | Konzentration |
|---|---|---|
| Gelpuffer (pH 8,45) | Tris-HCl | 3 M |
| | SDS (10 %) | 0,3 % |
| Kathodenpuffer (pH 8,5) | Tris-HCl | 0,1 M |
| | Tricin | 0,1 M |
| | SDS (10 %) | 0,1 % |
| Anodenpuffer (pH 8,9) | Tris-HCl | 0,2 M |

Die Auftrennung der Proben erfolgte über 120 Minuten bei 100 V und 400 mA bei Raumtemperatur. Dazu wurde in die innere Laufkammer Kathodenpuffer gegeben (Tabelle 5-16), in die äußere Kammer Anodenpuffer (Tabelle 5-16).

### 5.2.5.4 Protein Blot

Im nun folgenden Schritt werden die aufgetrennten Proteine mittels Elektrophorese auf eine Membran transferiert. Die Nitrocellulose-Membran wurde dazu kurz in Transferpuffer (Tabelle 5-17) aktiviert und dann auf Filterpapier gelegt. Das Polyacrylamid-Gel mit den separierten Proteinen wurde auf die Membran gelegt und mit Filterpapier bedeckt. Bei dieser so genannten „wet-Methode" erfolgte der Blot über Nacht bei 13 V und Raumtemperatur.

**Tabelle 5-17** *Zusammensetzung Transferpuffer (pH 8,1)*

| Komponente | Konzentration |
|---|---|
| Glycin | 190 mM |
| Tris-Base | 25 mM |
| Methanol | 20 % |
| SDS (10 %) | 0,33 % |

### 5.2.5.5 Immunodetektion

Nach dem Transfer der Proteine wurde die Membran dreimal fünf Minuten in TBS-T (Tabelle 5-18) oder PBS-T (PBS mit 0,01 % Tween-20) gewaschen. Die Verwendung des Waschpuffers ist abhängig vom später eingesetzten Primärantikörper. Danach erfolgte das Blocken freier Proteinbindestellen auf der Membran in 5 % Milchpulver in TBS-T oder PBS-T für eine Stunde bei Raumtemperatur. Die Blockade freier Bindestellen auf der Membran reduziert später unspezifische Bindungen der Antikörper. Anschließend wurde die Membran erneut dreimal fünf Minuten im jeweiligen Waschpuffer gewaschen. Dann wurde der entsprechende Primärantikörper (Tabelle 5-19) zur Membran gegeben und über Nacht bei 4 °C unter Schütteln inkubiert. Überschüssiger Primärantikörper wurde daraufhin in drei weiteren Waschschritten entfernt. Der mit dem Enzym HRP gekoppelte und gegen die Wirtsspezies des Primärantikörpers gerichtete Sekundärantikörper (Tabelle 5-19) wurde dann in 5 % Milchpulver in TBS-T oder PBS-T für 60 Minuten bei Raumtemperatur unter Schütteln inkubiert. Dadurch bildeten sich Antigen-Antikörper-Antikörper-Komplexe. Abschließend wurde die Membran zwei Mal im Waschpuffer und einmal im Puffer ohne Tween-20 gewaschen. Nun erfolgte die eigentliche Detektion, indem die Membran zwei Minuten im Dunkeln mit dem ECL-Detektionskit inkubiert wurde. Dieses Kit besteht aus zwei Lösungen, die Luminol und $H_2O_2$ enthalten. Diese Substrate werden von dem Enzym HRP umgesetzt, so dass eine Chemolumineszenz entsteht. Diese wurde detektiert, indem ein fotografischer Film auf die Membran gelegt wurde. Der Film wurde nach Ende der Expositionszeit automatisch entwickelt.

**Tabelle 5-18** *Zusammensetzung TBS-T (pH 7,6)*

| Komponente | Konzentration |
|---|---|
| Tris-Base | 20 mM |
| NaCl | 150 mM |
| Tween-20 | 0,01 % |

**Tabelle 5-19** *Eingesetzte Verdünnungen der verwendeten Antikörper*

| Primärantikörper | Verdünnung | Hersteller |
|---|---|---|
| α-β-Actin | 1:1.000 | Santa Cruz Biotechnology, Inc., Heidelberg |
| α-SOCS-3 | 1:500 | Santa Cruz Biotechnology, Inc., Heidelberg |
| **Sekundärantikörper** | | |
| α-goat (HRP) | 1:2.000 | GE Healthcare Europe GmbH, Freiburg |

Eine Membran kann für den Nachweis mehrerer Proteine herangezogen werden. Dazu müssen allerdings gebundene Antikörper wieder entfernt werden. Dazu wurde die Membran für 60 Minuten bei 56 °C unter Schütteln mit Stripping Buffer (0,1 M Glycin, pH 2,8) inkubiert. Nach einem Waschschritt kann die Membran erneut für die Immunodetektion verwendet werden.

Zur Quantifizierung der erhaltenen Signale wurde der Film eingescannt und mittels einer Software (ImageJ, NIH, USA) ausgewertet. Dabei wurde die Signalintensität des interessierenden Antikörpers zu der eines Kontrollproteins (z.B. β-Actin) ins Verhältnis gesetzt.

### 5.2.6 Analyse der Genexpression

Die Regulation und Expression von Genen auf mRNA-Ebene kann mittels quantitativer Realtime PCR (qPCR) untersucht werden. Dazu muss zunächst aus dem relevanten Gewebe die Gesamt-RNA extrahiert werden und diese dann mittels einer RNA-abhängigen DNA-Polymerase (Reversen Transkriptase) in cDNA transkribiert werden. Bei der qPCR wird bereits während der Reaktion eine Quantifizierung des Amplifikats durchgeführt, während bei einer herkömmlichen PCR eine Endpunktmessung vorgenommen wird.

### 5.2.6.1 RNA-Extraktion

Für die Extraktion der RNA aus Lungengewebe bzw. isolierten Zellen wurde PeqGold RNA Pure$^{TM}$ nach Herstellerangaben verwendet.

Für die RNA-Extraktion aus Gewebe wurden die Organe in 1 ml PeqGold RNA Pure$^{TM}$ homogenisiert. Anschließend wurde mit dem Homogenat verfahren wie mit lysierten Zellen. Zellen wurden entweder direkt in PeqGold RNA Pure$^{TM}$ aufgenommen oder nach erfolgter Inkubation in den Vertiefungen der Zellkulturgefäße mit PeqGold RNA Pure$^{TM}$ lysiert. Bis zur weiteren Verwendung wurden die Proben bei -80 °C gelagert.

Im ersten Schritt erfolgte die Dissoziation der Nukleotidkomplexe durch eine fünfminütige Inkubation bei Raumtemperatur. Dann wurde Chloroform zugegeben, die Proben gemischt und drei Minuten bei 4 °C inkubiert. Durch die anschließende Zentrifugation der Proben für fünf Minuten bei 12.000 g und 4 °C kam es zur Phasentrennung. In der unteren organischen Phenol-Chloroform-Phase befinden sich DNA und Proteine, während die RNA in der oberen wässrigen Phase vorliegt. Beide Phasen sind durch eine Interphase getrennt. Die obere Phase wurde nun vorsichtig abgenommen und in ein neues Reaktionsgefäß pipettiert. Um die Effizienz und Reinheit der Extraktion zu steigern, wurde nochmals Chloroform zu der wässrigen Phase gegeben. Nach kurzem Mischen wurden die Proben drei Minuten bei 12.000 g und 4 °C zentrifugiert. Die wässrige Phase wurde erneut in ein frisches Reaktionsgefäß überführt. Durch Zugabe von Isopropanol kam es zur Präzipitation der RNA, die durch Glykogen (10 mg/ml) weiter verbessert werden sollte. Die Proben wurden kurz gemischt und dann 15 Minuten bei 4 °C präzipitiert. Durch Zentrifugation (10 Minuten, 12.000 g, 4 °C) erfolgte das Pelletieren der so extrahierten RNA. Das RNA-Pellet wurde danach zweimal mit Ethanol (70 %) gewaschen und abschließend 5 min bei 12.000 g und 4 °C zentrifugiert. Dann wurde der Überstand komplett abgenommen und das Pellet etwa zehn Minuten an der Luft getrocknet. Abschließend wurde die RNA in 20 µl Nuklease-freiem $H_2O$ gelöst und für fünf Minuten bei 65 °C inkubiert.

Zur Konzentrationsbestimmung der RNA wurde das Nanodrop®-Spektrophotometer verwendet. Es wurde dafür 1 µl der Probe verwendet. Es wird neben der Konzentration auch die Reinheit der untersuchten Probe angegeben. Dazu wird die Absorption bei 230 nm, 260 nm und 280 nm gemessen. Bei 260 nm befindet sich das Absorptionsmaximum von Nukleinsäuren. Bei 230 nm absorbieren organische Moleküle, bei 280 nm Proteine und Phenole. Die Reinheit einer Probe wird dann durch die Verhältnisse der Absorption bei 260 nm zu der bei 280 nm bzw. bei 260 nm zu 230 nm angegeben. In beiden Fällen sollte der Wert zwischen 1,8 und 2,2 liegen.

### 5.2.6.2 cDNA-Synthese

Für die Herstellung von copy DNA (cDNA) wurde 1 µg Gesamt-RNA verwendet. Dabei wurde die RNA mittels einer RNA-abhängigen DNA-Polymerase (Reverse Transkriptase) in cDNA umgeschrieben. Das entsprechende Volumen RNA wurde in ein Reaktionsgefäß gegeben und mit autoklaviertem $H_2O$ auf ein Volumen von 13,5 µl aufgefüllt. Pro Ansatz wurden dann 0,5 µg Random Hexamer Primer, 1 mM dNTPs, 200 U M-MuLV Reverse Transkriptase, 20 U RiboLock™ RNase-Inhibitor und 5x-Reaktionspuffer zugegeben, so dass sich ein Endvolumen von 20 µl ergab. Dann wurde die Probe fünf Minuten bei 25 °C inkubiert, dies aktiviert die Primer. Die eigentliche cDNA-Synthese fand dann bei 42 °C für 60 Minuten statt. Dies ist die optimale Temperatur für die Aktivität der Reversen Transkriptase. Die Reaktion wurde anschließend durch eine fünfminütige Inkubation bei 70 °C gestoppt. Die cDNA wurde in autoklaviertem $H_2O$ 1:10 verdünnt und bei -20 °C gelagert.

### 5.2.6.3 Quantitative real-time PCR (qPCR)

Die quantitative Real-Time PCR (qPCR) wurde mit dem Gerät CFX96 von Bio-Rad durchgeführt.

Der Reaktionsverlauf einer qPCR gliedert sich in drei Phasen. In der exponentiellen Phase kommt es theoretisch in jedem Zyklus zur Verdopplung der DNA-Menge, da alle Edukte in ausreichender Konzentration vorliegen. Daran schließt die lineare Phase an, wo die Verdopplungsrate bereits deutlich geringer ist, da die Edukte zunehmend verbraucht sind. Am Ende tritt die Reaktion in eine Plateauphase ein, wo keine weitere DNA-Synthese stattfindet. Die Quantifizierung findet daher bei der qPCR während der exponentiellen Phase statt, bei der herkömmlichen PCR jedoch in der Plateauphase. Die qPCR stellt damit eine Weiterentwicklung der PCR dar. Zur Detektion wird der Farbstoff SYBR® Green eingesetzt, der mit doppelsträngiger DNA interkaliert und dabei fluoresziert. Das hat zur Folge, dass die Fluoreszenz einer Probe direkt proportional zu ihrem Gehalt an doppelsträngiger DNA ist. Nach jedem Zyklus erfolgt eine Messung der Fluoreszenzintensität.

Nach dem letzten Zyklus findet eine Schmelzkurvenanalyse, die der Überprüfung der Amplifikate dient, statt. Dabei zeigt ein solches Amplifikat nur einen schmalen Peak bei einer bestimmten Temperatur. Proben mit unspezifischen PCR-Produkten oder eventuell vorhandenen Primer-Dimeren weisen eine Schmelzkurve mit mehreren Peaks auf. Die Schmelzkurvenanalyse dient daher der Qualitätskontrolle (Abbildung 5-4).

# MATERIAL UND METHODEN

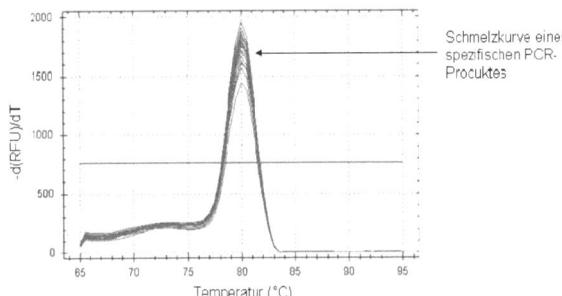

*Abbildung 5-4 Typisches Ergebnis einer Schmelzkurvenanalyse. Spezifische PCR-Produkte schmelzen um 80°C, eventuell vorhandene Primer-Dimere würden deutlich früher schmelzen. In Proben mit sehr geringen DNA-Mengen treten vermehrt solche Primer-Dimere auf. RFU: relative fluorescence units*

Für die Durchführung der qPCR wurde der SsoFast™ *EvaGreen*® Supermix verwendet. Zu diesem wurden der interessierende Primer (forward und reverse) sowie nuklease-freies $H_2O$ gegeben. Es wurde jeweils ein Master-Mix angesetzt, um Pipettierungenauigkeiten zu minimieren (Tabelle 5-20). 17 µl des Master-Mix wurden in die entsprechenden Vertiefungen einer 96-Well-Platte gegeben. Abschließend wurden 3 µl cDNA zum Master-Mix pipettiert, die Bestimmung der Proben erfolgte immer im Duplikat. In Tabelle 5-21 sind die Sequenzen aller verwendeten Primer angegeben. Um mögliche Kontaminationen der Reagenzien mit DNA auszuschließen, wurde auch eine Kontrolle mitgeführt, bei der anstelle der cDNA nuklease-freies $H_2O$ zum Master-Mix gegeben wurde. Die Reaktion lief nach dem in Tabelle 5-22 angegebenen Schema ab. Es wurden insgesamt 50 Zyklen durchlaufen.

*Tabelle 5-20 Zusammensetzung Master-Mix für qPCR (pro Probe)*

| Komponente | Volumen [µl] |
|---|---|
| SsoFast™ *EvaGreen*® Supermix | 10 |
| Primer [10 pm] | 5 (2,5 µl fwd + 2,5 µl rev) |
| $H_2O$ (Nuklease-frei) | 2 |

*Tabelle 5-21 Verwendete Primer für qPCR*

| Primer | Sequenz | Hersteller |
|---|---|---|
| BATF | Fwd: 5'-GTT CTG TTT CTC CAG GTC C-3'<br>Rev: 5'-GAA GAA TCG CAT CGC TGC-3' | |
| Foxp3 | Fwd: 5'-AGA GCC CTC ACA ACC AGC TA-3'<br>Rev: 5'-CCA GAT GTT GTG GGT GAG TG-3' | |
| HPRT | Fwd: 5'-GCC CCA AAA TGG TTA AGG TT-3'<br>Rev: 5'-TTG CGC TCA TCT TAG GCT TT-3' | |
| IL-9 | Fwd: 5'-CTG ATG ATT GTA CCA CAC CGT GC-3'<br>Rev: 5'-GCC TTT GCA TCT CTG TCT TCT GG-3' | |
| IRF4 | Fwd: 5'-ACG CTG CCC TCT TCA AGG CTT-3'<br>Rev: 5'-TGG CTC CTC TCG ACC AAT TCC-3' | |
| JunB | Fwd: 5'-ATG TGC ACG AAA ATG GAA CA-3'<br>Rev: 5'-CCT GAC CCG AAA AGT AGC TG-3' | Eurofins MWG<br>Operon, Ebersberg |
| NFκB | Fwd: 5'-AAC AAA ATG CCC CAC GGT TA-3'<br>Rev: 5'-GGG ACG ATG CAA TGG ACT GT-3' | |
| PU.1 | Fwd: 5'-GCA TCT GGT GGG TGG ACA A-3'<br>Rev: 5'-TCT TGC CGT AGT TGC GCA G-3' | |
| SOCS3 | Fwd: 5'-GTT CCT GGA TCA GTA TGA TGC-3'<br>Rev: 5'-CGC TTG TCA AAG GTA TTG TCC-3' | |
| STAT3 | Fwd:5'-GCT TCC TGC AAG AGT CGA AT-3'<br>Rev: 5'-ATT GGC TTC TCA AGA TCA CTG-3' | |
| STAT5 | Fwd:5'-CGC TGG ACT CCA TGC TTC TC-3'<br>Rev: 5'-GAC GTG GGC TCC TTA CAC TGA-3' | |
| Tbet | Fwd: 5'-CCT GGA CCC AAC TGT CAA CT-3'<br>Rev: 5'-AAC TGT GTT CCC GAG GTG TC-3' | |

*Tabelle 5-22 Ablauf der qPCR*

| | Temperatur [°C] | Zeit [sec] |
|---|---|---|
| Aktivierung der HotStartTaq DNA-Polymerase | 98 | 120 |
| Denaturierung | 95 | 5 |
| Hybridisierung und Elongation | 60 | 10 |

Zur Auswertung wird von der CFX96 Software zunächst der Zyklus bestimmt, ab dem in einer Probe die Fluoreszenzintensität einen Schwellenwert („threshold") übersteigt. Dies ist der Zyklus $C_t$ (Abbildung 5-5). Der Schwellenwert muss im Bereich der linearen Amplifikation liegen. Die Berechnung des Expressionsniveaus $E$ erfolgt nach der $\Delta\Delta C_t$-Methode wie in Formel 5-2 angegeben. Für die unbehandelte Kontrolle wurden Proben von Wildtyp-Mäusen, PBS verwendet.

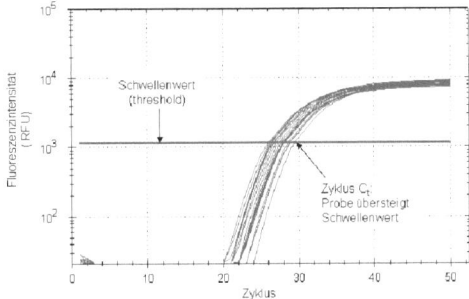

**Abbildung 5-5 Beispielhafte Darstellung eines so genannten "Amplification plots" einer qPCR.** *Darin ist der Verlauf der Fluoreszenzintensität verschiedener Proben während einer qPCR gezeigt.*

**Formel 5-2** *Berechnung nach der $\Delta\Delta C_t$-Methode*

$$\Delta C_t = C_{t,\,\text{Zielgen}} - C_{t,\,\text{Kontrollgen}}$$

$$\Delta\Delta C_t = \Delta C_{t,\,\text{Behandlung}} - \Delta C_{t,\,\text{Kontrolle}}$$

$$E = 2^{-\Delta\Delta C_t}$$

### 5.2.7 Enzyme linked Immunosorbent Assay (ELISA)

Die Quantifizierung von Zytokinen aus Zellkulturüberständen und BALF sowie von Immunglobulinen aus dem Serum erfolgt mittels des „enzyme linked immunosorbent assay" (ELISA). Bei der hier durchgeführten Methode handelt es sich um einen so genannten Sandwich-ELISA, bei dem das nachzuweisende Antigen am Ende zwischen zwei Antikörpern gebunden vorliegt. Es findet eine indirekte Bestimmung des Antigengehalts einer Probe statt. Abbildung 5-6 zeigt den schematischen Ablauf der Reaktion.

Zunächst erfolgt die Kopplung eines für das interessierende Antigen spezifischen Fängerantikörpers (Capture-Antikörper) an die Oberfläche einer 96-Well-Zellkulturplatte. Bei Platten aus Polystyrol adsorbiert der Antikörper in einem Coating-Puffer (Tabelle 5-23) über Nacht an das Material. Ungebundener Antikörper wird mittels Waschpuffer (Tabelle 5-24) entfernt. Im nächsten Schritt werden mit einem BSA- oder FCS-haltigen Puffer freie Proteinbindungsstellen für eine Stunde geblockt, was unspezifische Signale reduziert. Nach einem Waschschritt erfolgt die zweistündige Inkubation mit Antigen-haltigen Proben. Es bilden sich nun Antigen-Antikörper-Komplexe aus. Überschüssiges Antigen wird durch Waschen entfernt. Im nächsten Schritt binden biotinylierte Detektionsantikörper an das Antigen. Wichtig ist hierbei, dass dieser Antikörper ein anderes Epitop des Zielmoleküls erkennt als der Fängerantikörper.

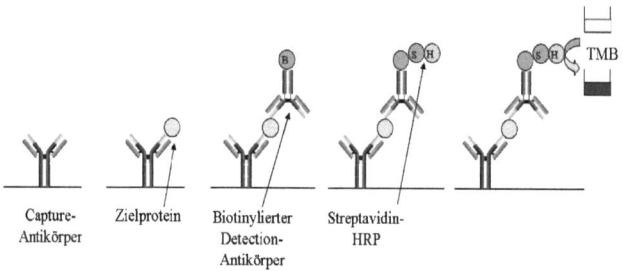

*Abbildung 5-6 Schematische Darstellung des Sandwich-ELISA*

Je nach verwendetem Protokoll wird gleichzeitig das Enzym HRP zugegeben, das mit Streptavidin gekoppelt ist und so an die biotinylierten Antikörper binden kann. Freier Antikörper und freies Enzym werden nach einer Stunde durch einen Waschschritt aus dem Ansatz entfernt. Bei anderen Protokollen erfolgt die Inkubation von Detektionsantikörper und Streptavidin-HRP in zwei durch Waschen getrennten Inkubationen. Im letzten Schritt erfolgt die Zugabe mit TMB-Substratlösung (für eine 96-Well-Platte: 0,5 ml TMB-Lösung, 9,5 ml Substratpuffer) (Tabelle 5-24). Durch die HRP wird TMB oxidiert und ein instabiles blaues Produkt entsteht. Die Intensität der Blaufärbung korreliert mit der Menge an in der Probe detektiertem Antigen. Nach etwa zehnminütiger Reaktion wird diese durch Zugabe von 30 % $H_2SO_4$ abgestoppt, wodurch ein Farbumschlag von blau nach gelb eintritt. Die Absorption dieses stabilen gelben Reaktionsproduktes wird im Photometer bei 450 nm gemessen.

Es wird eine Standardverdünnungsreihe mitgeführt, die die genaue Quantifizierung des in der Probe enthaltenen Antigens ermöglicht. Diese enthält das jeweils untersuchte Protein in acht definierten Konzentrationen (z.b. beim Zytokin IL-4: 0pg/ml, 7,813pg/ml, 15,625pg/ml, 31,25pg/ml, 62,5pg/ml, 125pg/ml, 250pg/ml, 500pg/ml), die nach Herstellerangaben angesetzt werden. Proben und Standard werden in Duplikaten gemessen.

Die Bestimmung der Zytokine IL-3, IL-4, IL-5, IL-10, IFNγ sowie IgE und $IgG_{2a}$ erfolgte mittels der jeweiligen BD OptEIA™ ELISA Kits. Für den Nachweis der Zytokine

MATERIAL UND METHODEN

IL-1β, IL-13, IL-17A, IL-17F, IL-21, IL-23, TGFβ wurden DuoSet® ELISA Kits von R&D Systems verwendet, während für IL-9 und IL-17AF ein Ready-Set-Go!® ELISA von ebioscience benutzt wurde. Alle Kits wurden nach Herstellerangaben verwendet (Tabelle 5-4). Tabelle 5-23 zeigt, welche Coating-Puffer für die jeweiligen Zytokine eingesetzt wurden. Für die Messung von $IgG_1$ wurden so genannte „Matched Antibody Pairs" verwendet und ebenfalls nach Herstellerangaben benutzt.

*Tabelle 5-23 Coating-Puffer für die jeweiligen Zytokine*

| PBS | Carbonatpuffer | Phosphatpuffer | Coating-Puffer (ebioscience) |
|---|---|---|---|
| IL-1β | IL-3 | IL-10 | IL-9 |
| IL-13 | IL-4 | | IL-17AF |
| IL-17A | IL-5 | | |
| IL-17F | IFNγ | | |
| IL-21 | IgE | | |
| IL-23 | $IgG_{2a}$ | | |
| $IgG_1$ | | | |
| TGFβ | | | |

*Tabelle 5-24 Zusammensetzung Puffer für ELISA*

| Puffer | Komponente | Konzentration |
|---|---|---|
| Carbonatpuffer (pH 9,5) | $Na_2CO_3$ | 3 mM |
| | $NaHCO_3$ | 10 mM |
| Phosphatpuffer (pH 6,5) | $Na_2HPO_4$ | 8 mM |
| | $NaH_2PO_4$ | 13 mM |
| Waschpuffer | PBS | |
| | Tween 20 | 0,05 % |
| TMB-Lösung | 3,3'5,5'Tetramethylbenzidin | 2 mM |
| | Aceton | 172 mM |
| | Ethanol | 1,95 M |
| | $H_2O_2$ (30 %) | 50 mM |
| Substratpuffer | Zitronensäure-Monohydrat | 30 mM |
| Stopp-Lösung | $H_2SO_4$ | 30% |

### 5.2.8 Durchflusszytometrie

Die Durchflusszytometrie wird verwendet, um Zellen nach der Expression bestimmter Oberflächenmoleküle oder intrazellulärer Proteine zu charakterisieren. Dabei binden mit Fluorochromen konjugierte Antikörper an das interessierende Antigen und werden im Durchflusszytometer quantitativ analysiert. Die Proben werden dabei in einem laminaren

Flüssigkeitsstrom an zwei Lasern vorbeigeführt. Bei dem hier verwendeten Gerät handelt es sich um ein BD FACS Calibur™ (BD Biosciences, Heidelberg), das mit einem Argon-Laser und einem Helium-Neon-Laser ausgestattet ist. Der Argonionen-Laser emittiert dabei Strahlung der Wellenlänge 488 nm, der Helium-Neon-Laser 633 nm. Durch Kontakt der Fluorochrom-markierten Antigen-Antikörper-Komplexe mit den Laserstrahlen werden die Fluorochrome angeregt und emittieren Fluoreszenzlicht charakteristischer Wellenlängen. In Tabelle 5-25 ist eine Übersicht der verwendeten Fluorochrome und ihrer Absorptions- sowie Emissionsspektren dargestellt. Die Zellen selbst streuen dabei das Licht. Das Streulicht lässt Rückschlüsse auf die Größe und Granularität einer Zelle zu. Dabei kann das Vorwärtsstreulicht, welches im „Forward Scatter" (FSC) detektiert wird, als Maß für die Größe einer Zelle herangezogen werden, während das im „Side Scatter" (SSC) detektierte Seitwärtsstreulicht Rückschlüsse auf die Granularität einer Zelle zulässt. Das emittierte Fluoreszenzlicht wird über verschiedene Filter und Spiegel zu den entsprechenden Detektoren weitergeleitet. In Tabelle 5-25 ist der für jedes Fluorochrom passende Detektor angegeben. Die Messung wurde durch die Software BD CellQuestPro gesteuert.

*Tabelle 5-25 Übersicht über die verwendeten Fluorochrome*

| Fluorochrom | Anregungs-wellenlänge [nm] | Absorptions-maximum [nm] | Emissions-maximum [nm] | Detektor |
|---|---|---|---|---|
| Alexa 488 | 488 | 495 | 519 | FL-1 |
| FITC | 488 | 495 | 519 | FL-1 |
| PE | 488 | 480, 565 | 578 | FL-2 |
| PerCP | 488 | 482 | 678 | FL-3 |
| PerCP/Cy5.5 | 488 | 482 | 695 | FL-3 |
| Alexa 647 | 633 | 650 | 668 | FL-4 |
| APC | 633 | 650 | 660 | FL-4 |

Man unterscheidet Oberflächenfärbungen von intrazellulären Färbungen, je nachdem wo das interessierende Antigen vorhanden ist. Für die Oberflächenfärbung wurden $5 \cdot 10^5$ Zellen eingesetzt. Zu den Zellen wurden 60 µl Färbe-Mix (PBS mit den jeweils relevanten Antikörpern) gegeben und die Zellen 30 Minuten bei 4 °C im Dunkeln inkubiert. Dann wurde die Färbung durch die Zugabe von 300 µl PBS abgestoppt. Nach einem Waschschritt (5 Min., 1.500 rpm, 4 °C) wurden die Zellen in 300 µl PBS aufgenommen und im Durchflusszytometer gemessen. Falls die Messung nicht direkt erfolgen konnte, so war es möglich, die Zellen durch Zugabe von 2 % Paraformaldehyd zu fixieren und bis zur Messung bei 4 °C im Dunkeln zu lagern.

# MATERIAL UND METHODEN

Bei einer intrazellulären Färbung wurden $1 \cdot 10^6$ Zellen verwendet und zunächst wie oben beschrieben vorgegangen, um alle interessierenden Oberflächenmoleküle zu markieren. Nach dem Waschen der Zellen wurden diese fixiert. Dazu wurden 100 µl Permfix (1:4 verdünnt) auf die Zellen gegeben und diese 35 Minuten bei 4 °C im Dunkeln inkubiert. Nun erfolgte eine Zentrifugation für fünf Minuten, 1.500 rpm bei 4 °C. Danach wurde der Puffer verworfen und es folgte die Permeabilisierung der Zellmembranen. Nur dadurch war es möglich, dass Antikörper gegen intrazellulär lokalisierte Proteine in die Zelle eindringen konnten. Die Permeabilisierung wurde mit 50 µl Permwash für 30 Minuten bei 4 °C im Dunkeln durchgeführt. In den Permeabilisierungspuffer wurden gleichzeitig auch die Antikörper gegeben, so dass der Färbeschritt parallel erfolgen konnte. Die Reaktion wurde durch die Zugabe von 200 µl Permwash abgestoppt und die Ansätze abermals zentrifugiert (5 Min., 1.500 rpm, 4° C). Die Zellen wurden dann in PBS aufgenommen und gemessen.

Ein Sonderfall stellt die Messung von Zytokinen dar. Da diese Moleküle von Zellen sezerniert werden ist es nötig, die Zytokine in der Zelle anzureichern. Dazu werden $2 \cdot 10^6$ Zellen in ein 24-Well-Zellkulturgefäß ausplattiert und über Nacht im Brutschrank mit anti-CD3 und anti-CD28 stimuliert. Es erfolgt dann eine vierstündige Stimulation durch das Ionophor Ionomycin und PMA, die die Zelle zur Zytokinproduktion anregt. Gleichzeitig wird BD Golgi-Stop Protein Transport Inhibitor zugegeben, was die Verschmelzung der Vesikel des Golgi-Apparates mit der Zellmembran unterbindet und so die Sekretion der Zytokine verhindert. Die Zellen wurden anschließend geerntet und es wurde eine intrazelluläre Färbung durchgeführt.

Eine Übersicht der verwendeten Antikörper zeigt Tabelle 5-6. Es wurden jeweils Einzelfärbungen der betreffenden Antikörper mitgeführt, um eine optimale Einstellung des Durchflusszytometers gewährleisten zu können. Die abschließende Auswertung erfolgte mittels der Software FlowJo 7.3.4.

Für die Auswertung wurde zunächst ein so genannter „Dot Plot" erstellt, der auf der einen Achse FSC und auf der zweiten Achse SSC anzeigt. Bei den so dargestellten Zellen wurde entsprechend der durchgeführten Färbung dann die Lymphozyten- oder Granulozytenpopulation eingegrenzt („gegated"). Im nächsten Schritt wurden dann die jeweils interessierenden Kanäle an den Achsen eingestellt und die relevanten Zellpopulationen markiert. In Abschnitt 6 ist die jeweilige „Gating-Strategie" bei den gezeigten durchflusszytometrischen Färbungen beschrieben und anhand von Dot Plots dargestellt.

### 5.2.9 Statistik

Alle Versuche wurden zwei oder drei Mal durchgeführt. Für die Auswertung der Versuchsergebnisse wurde das arithmetische Mittel der jeweiligen Messwerte gebildet, sowie der Standardfehler (s.e.m., *standard error of the mean*) berechnet. Die Messwerte wurden mit dem Student's t-Test auf Signifikanz getestet. Dabei gilt: *: $p < 0{,}05$ (schwach signifikant); **: $p < 0{,}01$ (signifikant); ***: $p < 0{,}001$ (hoch signifikant). Die Ergebnisse sind jeweils als Mittelwert ± s.e.m. dargestellt.

# 6 ERGEBNISSE

Das Ziel dieser Arbeit war es, neue Erkenntnisse über die Rolle der Tyrosinkinase 2 (Tyk2) in einem murinen Modell allergischen Asthmas zu gewinnen. Dabei wurde besonders die Rolle von Tyk2 in der Differenzierung und Funktion regulatorischer T-Lymphozyten ($T_{reg}$) und Th17-Zellen im Vergleich zu Wildtyp-Mäusen (Balb/c) untersucht. Es wurden dabei unbehandelte Mäuse (PBS) mit Allergen-sensibilisierten Mäusen (OVA) verglichen. In Vorarbeiten der Arbeitsgruppe konnte bereits gezeigt werden, dass eine Behandlung der Mäuse mit PBS keine Auswirkungen hat, sie reagieren dann genauso wie unbehandelte Tiere. Aus diesem Grund wurde in dieser Arbeit auf eine Behandlung der Mäuse mit PBS verzichtet. Die Versuche wurden ein- bis dreimal durchgeführt, mit jeweils drei bis fünf Mäusen pro Versuchsgruppe. Gezeigt ist jeweils ein repräsentatives Experiment.

## 6.1 Tyk2-defiziente Mäuse zeigen einen schwereren Phänotyp in einem murinen Modell allergischen Asthmas als Wildtyp-Mäuse

Zuerst wurde analysiert, wie Tyk2-defiziente Mäuse in einem murinen Modell allergischen Asthmas reagieren. Dazu wurden diese, wie in Abschnitt 5.2.1.2 beschrieben, mit einem Allergen behandelt und an Tag 21 des Protokolls näher untersucht.

### 6.1.1 Tyk2-Defizienz hat keinen Einfluss auf die Atemwegshyperreagibilität

Bei der Messung des Atemwegswiderstandes (AHR) wird einer der charakteristischsten Parameter der Asthma-Erkrankung untersucht. Zuerst wurde mittels nicht-invasiver Ganzkörperplethysmographie überprüft, ob sich bei unbehandelten Tyk2-defizienten Mäusen und Wildtyp-Mäusen Unterschiede in der AHR feststellen lassen. Es konnte gezeigt werden, dass zwischen den beiden Genotypen keinerlei Unterschiede in der Reaktion auf Methacholin (MCh) bestanden (Abbildung 6-1, A).

Danach wurde in Tyk2-defizienten Mäusen die Ausprägung der Asthma-Symptomatik getestet. Dazu wurden Balb/c- und Tyk2-defiziente Mäuse mit Ovalbumin (OVA) sensibilisiert und konfrontiert. Danach erfolgte die Messung der AHR durch die invasive Plethysmographie. Dabei zeigte sich in der Reaktion auf die Provokation der Bronchien mit ansteigenden Dosen MCh sowohl bei unbehandelten Mäusen als auch bei Allergen-konfrontierten Mäusen kein Unterschied zwischen den beiden Genotypen (Abbildung 6-1, B).

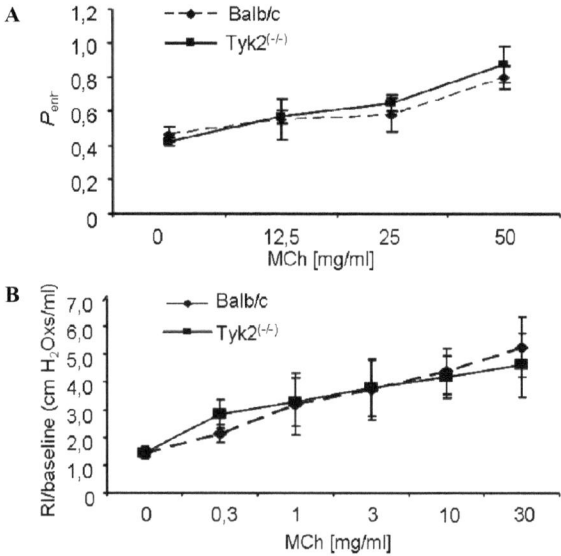

*Abbildung 6-1 Tyk2 beeinflusst die Ausbildung der AHR nicht. An Tag 20 wurde bei unbehandelten Mäusen die nicht-invasive Ganzkörperplethysmographie durchgeführt (A). An Tag 21 wurde der Atemwegswiderstand OVA-behandelter Mäuse mittels invasiver Plethysmographie gemessen (B). Es zeigte sich keine Differenz in der Reaktion auf MCh zwischen den beiden Genotypen sowohl bei unbehandelten Mäusen (A) als auch bei mit OVA behandelten Tieren (B). (n=3-5)*

### 6.1.2 Tyk2-Defizienz beeinflusst die Entzündung der Atemwege negativ

Die Ausprägung der Inflammation der Lunge ist ein wichtiges Merkmal bei der Einschätzung der Schwere einer Asthma-Erkrankung. Dabei wird die Infiltration des Gewebes mit Lymphozyten und Granulozyten analysiert. Bei der histologischen Untersuchung von Haematoxylin-Eosin (HE)-gefärbtem Lungengewebe konnte unabhängig von einer Allergen-Behandlung eine stärkere Inflammation in den Bronchien Tyk2-defizienter Mäuse festgestellt werden. Durch die Allergen-Behandlung kam es zwar bei beiden Mausstämmen zu einer signifikanten Zunahme der Inflammation, jedoch blieb die Entzündung in Tyk2-defizienten Mäusen schwerer als in Wildtyp-Mäusen (Abbildung 6-2).

# ERGEBNISSE

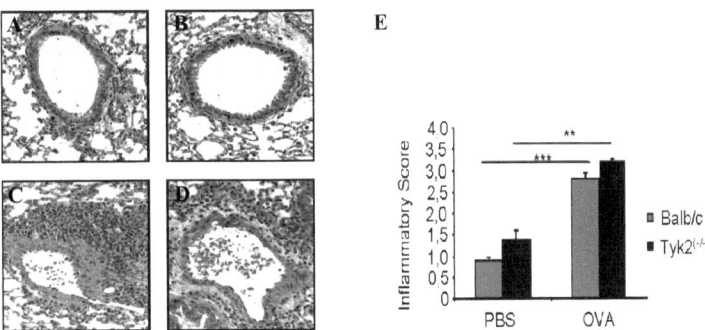

*Abbildung 6-2 Tyk2 beeinflusst die Ausprägung der allergischen Entzündung positiv. Gewebeschnitte wurden mit HE gefärbt und histologisch begutachtet. A: Balb/c PBS, B: Tyk2$^{(-/-)}$ PBS, C: Balb/c OVA, D: Tyk2$^{(-/-)}$ OVA. Die mikroskopischen Aufnahmen stellen eine 200x-Vergrößerung dar. In E ist die Quantifizierung des Inflammation Score nach Lehr gezeigt. (n=4-5, p=0,0003; p=0,003)*

Mittels der Periodic-Acid-Schiff (PAS)-Färbung werden Mukus-produzierende Zellen der Lunge angefärbt. Die Mukus-Produktion in der Lunge ist ein weiteres charakteristisches Merkmal des Asthma bronchiale, da der Mukus direkt zu einer erschwerten Atmung beiträgt. In unbehandelten Mäusen beider Genotypen wurde keine PAS-positive Reaktion beobachtet. Durch die OVA-Behandlung wurden in beiden Mausstämmen PAS-positive Zellen detektiert, bei Wildtyp-Mäusen war die Zunahme allerdings stärker als bei Tyk2-defizienten Mäusen, so dass diese deutliche weniger PAS-positive Zellen enthielten (Abbildung 6-3).

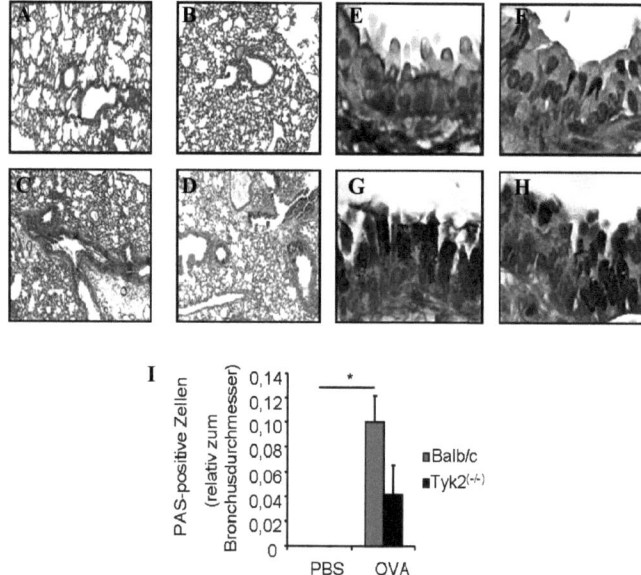

**Abbildung 6-3 Tyk2-Defizienz reduziert die Zahl Mukus-produzierender Zellen.** *Lungenschnitte wurden mittels der PAS-Färbung auf Mukus-produzierende Zellen hin untersucht. Dazu wurde von allen Bronchien der Durchmesser bestimmt und anschließend die Zahl PAS-positiver Zellen pro Bronchus ausgezählt. Diese Zahl wurde dann ins Verhältnis zur Bronchusgröße gesetzt. Die mikroskopischen Aufnahmen (A-D) stellen eine 200x-Vergrößerung dar. A: Balb/c PBS, B: Tyk2$^{(-/-)}$ PBS, C: Balb/c OVA, D: Tyk2$^{(-/-)}$ OVA. Die Aufnahmen E-H zeigen Ausschnitte der Bronchien in 400x-Vergrößerung. E: Balb/c PBS ,F: Tyk2$^{(-/-)}$ PBS, G: Balb/c OVA, H: Tyk2$^{(-/-)}$ OVA. In I ist die Quantifizierung gezeigt. Die Behandlung mit OVA führte bei beiden Genotypen zu einer starken Zunahme PAS-positiver Zellen pro Bronchus. (n=3; p=0,029)*

### 6.1.3 Tyk2-Defizienz führt zu einer erhöhten Anzahl eosinophiler Granulozyten in der bronchoalveolären Lavage

Die Zellen der bronchoalveolären Lavage (BAL) wurden zum einen mittels durchflusszytometrischer Analyse auf die Expression bestimmter Oberflächenmoleküle hin untersucht. Zum anderen wurden von den BAL-Zellen Zytospins angefertigt, die ausgezählt wurden.

Bei naiven Mäusen konnte keine Differenz im Anteil der eosinophilen und neutrophilen Granulozyten in der BAL festgestellt werden. Nach Allergensensibilisierung und -konfrontation zeigten beide Genotypen eine signifikante Zunahme der eosinophilen Granulozyten. Bei Tyk2-defizienten Mäusen war dieser Anteil zudem gegenüber

Wildtyp-Mäusen signifikant erhöht. Bei den neutrophilen Granulozyten kam es bei beiden Genotypen ebenfalls zu einer deutlichen Zunahme durch die Allergenbehandlung. Es zeigte sich dabei allerdings kein Unterschied zwischen Tyk2-defizienten Mäusen und Wildtyp-Mäusen (Abbildung 6-4).

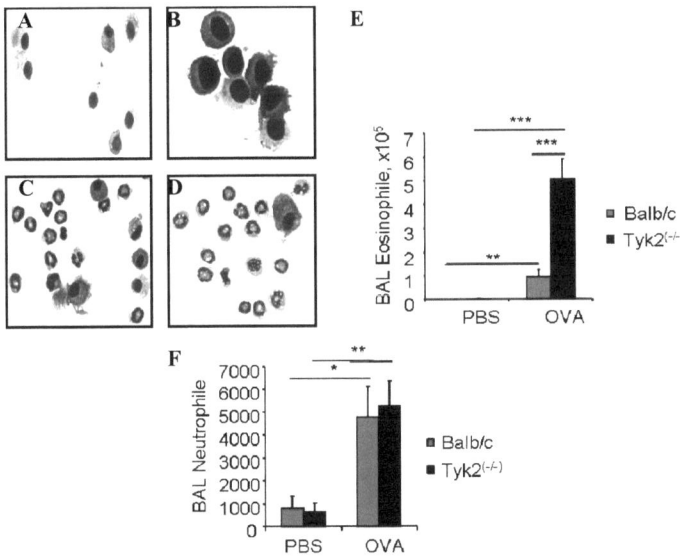

*Abbildung 6-4 Tyk2 beeinflusst die Ausprägung der allergischen Entzündung positiv. Zur Bestimmung der Zusammensetzung der BAL wurden Zytospins angefertigt, mit DiffQuick® gefärbt und ausgezählt. Naive Tiere beider Genotypen (A; B) weisen keine Differenz in der Zusammensetzung der Zelltypen der BAL auf. Tyk2-defiziente Mäuse zeigen nach der Behandlung mit dem Allergen OVA eine signifikant erhöhten Anzahl an eosinophilen Granulozyten in der BAL (D) im Vergleich zu Wildtyp-Mäusen (C). In E ist die Quantifizierung der Eosinophilen gezeigt, in F die der Neutrophilen. Gezeigt sind Mikroskop-Aufnahmen der Vergrößerung 630x. (B: n=4-5; p=0,01; p=0,001; p=0,005; C: n=4-5; p=0,013; p=0,004)*

Auch im Durchflusszytometer wurden die Zellen der BAL auf das Vorhandensein von eosinophilen Granulozyten hin untersucht. Dazu wurden sie mit Antikörpern gegen CD3, CD45R, Gr-1 und CCR3 inkubiert. Die Population der $CD3^-CD45R^-Gr-1^-CCR3^+$-Zellen enthält dabei die eosinophilen Granulozyten, während die $CD3^-CD45R^-Gr-1^+CCR3^-$-Zellen neutrophile Granulozyten darstellen. Im naiven Zustand wurden bei beiden Genotypen nur sehr geringe Mengen eosinophiler Granulozyten gefunden, dabei waren in der BAL der Wildtyp-Mäuse aber mehr Eosinophile. Die Gabe von OVA führte bei beiden Genotypen zu einem stark signifikanten Anstieg der eosinophilen Granulozyten. Zwischen Tyk2-defizienten und Wildtyp-Mäusen konnte allerdings kein ähnlich deutlicher Unterschied wie bei den untersuchten Zytospins festgestellt werden. Bei den neutrophilen Granulozyten zeigte sich im Gegensatz zur Auszählung der Zytospins kein Anstieg der Anzahl neutrophiler Granulozyten durch die Allergen-Behandlung, es schien bei beiden Genotypen sogar zu einer Reduktion zu kommen (Abbildung 6-5).

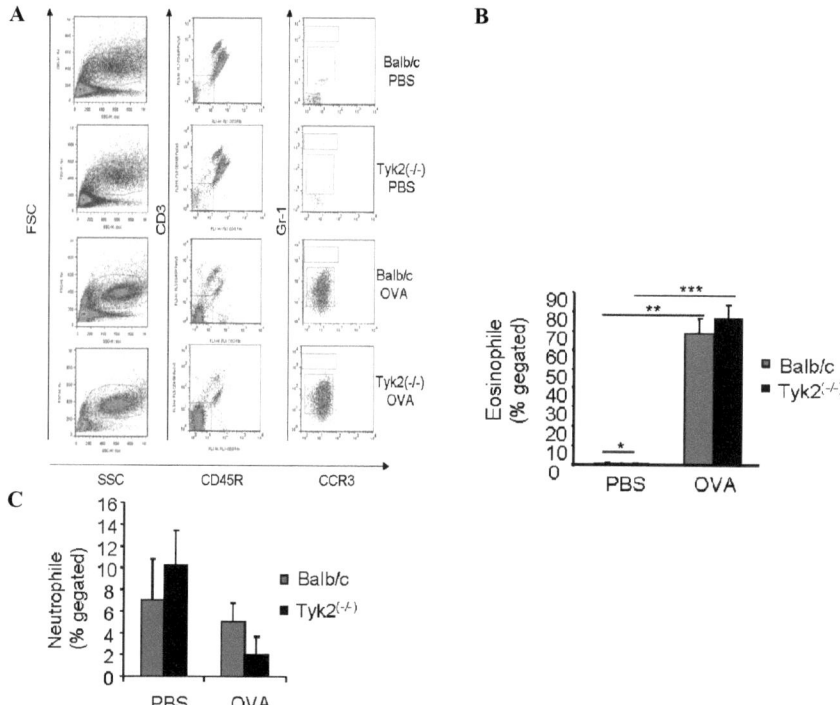

*Abbildung 6-5 OVA induziert die Ansammlung von eosinophilen Granulozyten in der Lunge. Eosinophile wurden im Durchflusszytometer aus Zellen der BAL als $CD3^-CD45R^-Gr-1^+CCR3^+$-Population nachgewiesen, Neutrophile als $CD3^-CD45R^-Gr-1^+CCR3^-$-Population. Dabei werden die Zellen zuerst als $CD3^-CD45R^-$ charakterisiert und dann die $Gr-1^+CCR^+$-Zellen als eosinophile Granulozyten ausgewertet (unteres Gate), im oberen Gate ($Gr-1^+CCR3^-$) befinden sich die neutrophilen Granulozyten (A). Die Gabe von OVA induziert bei beiden Genotypen einen signifikanten Anstieg der eosinophilen Granulozyten (B), während sich bei neutrophilen Granulozyten kein Unterschied zeigt (C). (Eosinophile: n=2-3; p=0,049; p=0,003; p=0,0002; Neutrophile: n=2-3)*

### 6.1.4 Tyk2-Defizienz bewirkt erhöhte IgE-Spiegel im Serum

Nach Ablauf des vollständigen Protokolls zur Induktion des allergischen Asthmas wurde den Mäusen an Tag 21 Blut aus dem Herzen entnommen. Das daraus gewonnene Serum wurde zur Analyse verschiedener Immunglobuline mittels ELISA herangezogen.

IgE ist bei allergischen Erkrankungen das charakteristische von B-Lymphozyten sezernierte Immunglobulin. Es zeigte sich, dass in unbehandelten Mäusen kein Unterschied zwischen den beiden Genotypen im IgE-Serumspiegel bestand. Mit OVA immunisierte Tyk2-defiziente Mäuse wiesen dann jedoch gegenüber Wildtyp-Mäusen signifikant erhöhte Mengen an IgE im Serum auf (Abbildung 6-6).

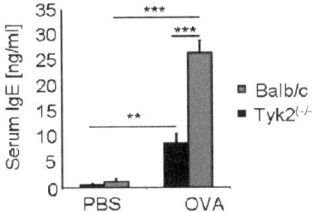

*Abbildung 6-6 Tyk2-Defizienz induziert die Sekretion von IgE. Mäusen wurde an Tag 21 des Protokolls Blut entnommen, das Serum daraus wurde mittels ELISA auf den Gehalt von IgE getestet. Unbehandelte Mäuse beider Genotypen weisen nur eine sehr geringe Serumkonzentration an IgE auf, während die Behandlung mit OVA zu einer starken Zunahme führt. Hierbei produzieren Tyk2-defiziente Mäuse signifikant mehr IgE als Wildtyp-Mäuse. (n=3-5; p=0,006; p=0,0003; p=0,0002)*

$IgG_1$ ist, ähnlich wie IgE, mit allergischen Erkrankungen assoziiert. Im Serum von Wildtyp-Mäusen sowie Tyk2-defizienter Mäuse konnte ein signifikanter Anstieg der $IgG_1$-Konzentration durch die Behandlung mit dem Allergen festgestellt werden. Tyk2-defiziente Mäuse produzierten allerdings stets mehr $IgG_1$ als Wildtyp-Mäuse, der Unterschied fiel jedoch nicht statistisch signifikant aus (Abbildung 6-7).

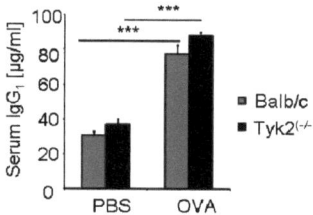

**Abbildung 6-7 Die Behandlung mit OVA induziert die Produktion von IgG₁.** *Das an Tag 21 des Protokolls gewonnene Serum wurde mittels ELISA auf die Konzentration an IgG$_1$ geprüft. Der Serumgehalt an IgG$_1$ ist bei beiden untersuchten Genotypen ähnlich hoch. Die Gabe des Allergens führt jeweils zu einer signifikanten Zunahme der Sekretion. Zwischen den beiden Mausstämmen lässt sich allerdings kein signifikanter Unterschied feststellen. (n=4-5; p=0,00002; p=0,000004)*

Der Klassenwechsel hin zu IgG$_{2a}$ wird hingegen hauptsächlich durch die Wirkung von IFNγ auf die B-Lymphozyten induziert. Sowohl bei Wildtyp-Mäusen als auch bei Tyk2-defizienten Mäusen konnte eine signifikante Reduktion des IgG$_{2a}$-Serumspiegels durch die Behandlung mit OVA gemessen werden. Insgesamt war jedoch der Gehalt dieses Immunglobulins in Tyk2-defizenten Mäusen im Vergleich zum Wildtyp stark signifikant erhöht (Abbildung 6-8).

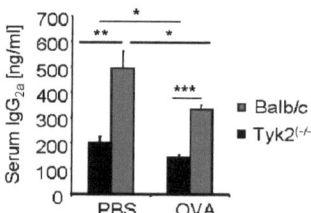

**Abbildung 6-8 Durch die Behandlung mit OVA reduziert sich die IgG$_{2a}$-Produktion.** *Durch ELISA wurde das an Tag21 des Protokolls aus dem Blut gewonnene Serum auf IgG$_{2a}$ getestet. Tyk2-defiziente Mäuse produzierten signifikant mehr IgG$_{2a}$ als Wildtyp-Mäuse, durch die Konfrontation mit dem Allergen kommt es aber zu einer deutlichen Reduktion der Sekretion bei beiden Genotypen. (n=4-5; p=0,013; p=0,036; p=0,00003; p=0,029)*

### 6.1.5 Tyk2-Defizienz induziert die Sekretion von Th2-Zytokinen in der Lunge

Th2-Lymphozyten sind die wichtigsten Zelltypen, die an der Entstehung allergischer Erkrankungen beteiligt sind. Sie produzieren bestimmte Zytokine, die zur Ausprägung der Symptomatik entscheidend beitragen. Dazu zählen vor allem IL-4, IL-5 und IL-13. Diese Zytokine wurden in der bronchoalveolären Lavageflüssigkeit (BALF) und in Zellkulturüberständen mittels ELISA gemessen.

Aus Gesamtzellen der Lunge wurden $CD4^+$-T-Lymphozyten isoliert, die dann mit Antikörpern gegen CD3 und CD28 inkubiert wurden. Nach 24 Stunden wurden die Überstände abgenommen und untersucht. Nach Gewinnung der BALF wurden die Zellen pelletiert, und der Überstand wurde für die Analyse verwendet.

Aus den Überständen von $CD4^+$-T-Lymphozyten wurden die Konzentrationen der Zytokine IL-4, IL-5 und IL-13 bestimmt. Diese Zytokine werden von beiden Genotypen ohne Konfrontation mit dem Allergen nur in sehr geringen Mengen produziert. Für alle drei Zytokine konnte gleichermaßen gezeigt werden, dass eine Behandlung der Mäuse mit dem Allergen OVA zu einem signifikanten Anstieg der Produktion führte. Dies war sowohl bei Wildtyp-Mäusen als auch bei Tyk2-defizienten Mäusen zu beobachten. Bei Wildtyp-Mäusen fiel jedoch die Sekretion der Zytokine signifikant geringer aus als bei Tyk2-defizienten Mäusen (Abbildung 6-9). In der BALF wurde die Konzentration von IL-5 nach der Konfrontation mit dem Allergen per ELISA gemessen. Tyk2-defiziente Mäuse zeigten dabei eine signifikant erhöhte Sekretion dieses Zytokins gegenüber den Kontrolltieren (Abbildung 6-9).

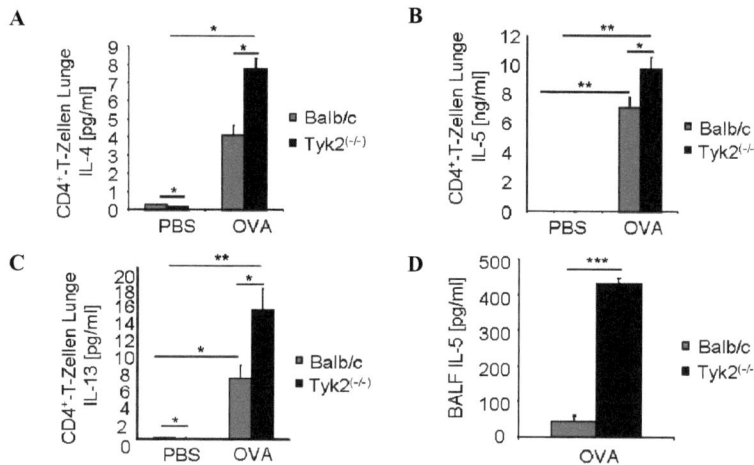

*Abbildung 6-9 Tyk2-Defizienz führt zu erhöhter Produktion von Th2-Zytokinen. CD4⁺-T-Lymphozyten wurden aus der Lunge isoliert und für 24 Stunden mit Antikörpern gegen CD3 und CD28 inkubiert. Anschließend wurden die Überstände im ELISA auf die Konzentration an Zytokinen untersucht. $CD4^+$-T-Lymphozyten Tyk2-defizienter Mäuse sezernieren nach OVA-Gabe signifikant mehr IL-4 (A), IL-5 (B) und IL-13 (C) als Wildtyp-Mäuse. In D ist die IL-5-Produktion in der BALF gezeigt. Nach Durchführen der Lavage wurde die erhaltene Flüssigkeit zentrifugiert und der Überstand im ELISA auf den Gehalt an Zytokinen getestet. Tyk2-defiziente Mäuse produzieren signifikant mehr IL-5 nach OVA-Gabe als Wildtyp-Mäuse. (A: n=2-4; p=0,02; p=0,005; p=0,001; p=0,005; B: n=2-4; p=0,003; p=0,001; p=0,04; C: n=2-4; p=0,041; p=0,021; p=0,008; p=0,025; D: n=3-4; p=0,0003)*

Th1-Lymphozyten sind in erster Linie an der Suppression allergischer Immunreaktionen beteiligt. Jedoch konnte für das wichtigste von dieser Zellpopulation produzierte Zytokin, IFNγ, auch eine Allergie-fördernde Wirkung gezeigt werden (Abschnitt 3.3.1). Daher wurde die Produktion dieses Zytokins in der BAL und in $CD4^+$-T-Lymphozyten gemessen. In der BAL konnte unabhängig von der Behandlung bei beiden Genotypen nur eine relativ geringe IFNγ-Konzentration detektiert werden. In unbehandelten Mäusen zeigte sich kein Unterschied zwischen den Genotypen, nach der OVA-Gabe kam es bei beiden Mausstämmen zu einer signifikanten Reduktion der IFNγ-Produktion. Allerdings sezernierten die BAL-Zellen der Tyk2-defizienten Mäuse etwas geringere Mengen des Zytokins (Abbildung 6-10 A). In $CD4^+$-T-Lymphozyten konnte ohne Kontakt mit dem Allergen bei beiden Genotypen nur eine sehr niedrige IFNγ-Produktion nachgewiesen werden. Durch die Behandlung mit OVA kam es dann zu einem sehr stark signifikanten Anstieg der Sekretion. Dieser war in Tyk2-defizienten $CD4^+$-T-Lymphozyten allerdings deutlich schwächer als in Wildtyp-Zellen.

Tyk2-defiziente Mäuse produzierten daher nach Allergen-Behandlung signifikant weniger IFNγ als Wildtyp-Mäuse (Abbildung 6-10 B).

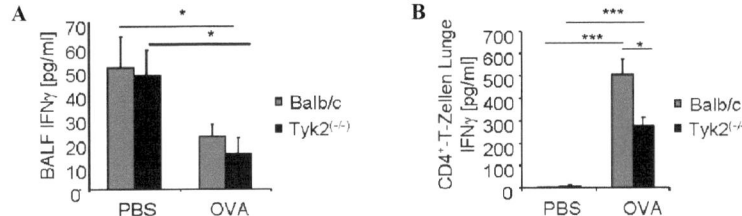

*Abbildung 6-10 Tyk2 ist wichtig für die Induktion der IFNγ-Produktion in CD4$^+$-T-Lymphozyten. Aus der BAL wurde mittels ELISA die Konzentration von IFNγ bestimmt (A). CD4$^+$-T-Lymphozyten wurden aus der Lunge isoliert und für 24 Stunden mit Antikörpern gegen CD3 und CD28 inkubiert. Anschließend wurden die Überstände im ELISA auf die Konzentration an IFNγ untersucht (B). (A: n=4-5; p=0,037; p=0,022; B: n=4-5; p=0,0002; p=0,0002; p=0,023)*

Der Transkriptionsfaktor Tbet ist entscheidend an der Differenzierung naiver T-Lymphozyten zu Th1-Zellen beteiligt. Mittels qPCR wurde die mRNA-Expression von Tbet in der gesamten Lunge untersucht. Dabei zeigte sich, dass Tyk2-defiziente Mäuse diesen Transkriptionsfaktor in unbehandeltem Zustand geringer exprimieren als Wildtyp-Mäuse. Nach der OVA-Behandlung ist dann bei beiden Genotypen ein deutlicher Rückgang der Expression festzustellen und die Tbet-mRNA wird nun kaum noch gebildet (Abbildung 6-11).

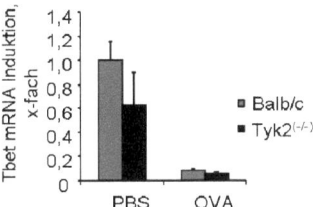

*Abbildung 6-11 Die Behandlung mit OVA reduziert die Expression von Tbet in beiden Mausstämmen. Ein Teil der Lunge wurde homogenisiert und daraus RNA extrahiert. Aus der cDNA wurde mittels der spezifischen Primer für Tbet eine qPCR-Analyse durchgeführt. (n=3-4)*

### 6.1.6 Erhöhter Mastzellanteil in der Lunge bei Tyk2-Defizienz

Ähnlich wie bei den in Abschnitt 6.1.5 beschriebenen Messungen zur Analyse der Th2-Zytokine wurden die gewonnenen Überstände auch auf die Produktion des Zytokins IL-9 hin untersucht, das sowohl von Th2- als auch von Th9-Lymphozyten gebildet wird.

IL-9 wird von unbehandelten CD4$^+$-T-Lymphozyten nur in sehr geringen Mengen sezerniert. Die Behandlung mit OVA führte hier bei beiden Genotypen zu einem starken Anstieg bei der Produktion. Allerdings war diese dann bei Tyk2-defizienten Mäusen signifikant höher als bei Wildtyp-Mäusen (Abbildung 6-12).

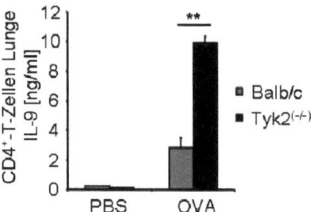

*Abbildung 6-12 Tyk2-Defizienz regt die Produktion von IL-9 an. CD4$^+$-T-Lymphozyten wurden aus der Lunge isoliert und für 24 Stunden mit Antikörpern gegen CD3 und CD28 inkubiert. Anschließend wurden die Überstände durch ELISA auf die Konzentration an IL-9 untersucht. CD4$^+$-T-Lymphozyten von Tyk2-defizienten Mäusen sezernierten nach Konfrontation mit dem Allergen signifikant mehr IL-9 als Zellen von Wildtyp-Mäusen. (n=3-4; p=0,037; p=0,015; p=0,024)*

Th9-Lymphozyten sind charakterisiert durch die Expression des Transkriptionsfaktors PU.1. Es wurde daher aus Lungengewebe RNA extrahiert und die cDNA mittels qPCR auf die Expression von PU.1 hin untersucht. Bei unbehandelten Mäusen konnte kein Unterschied in der Ausprägung der PU.1-Expression zwischen den beiden Mausstämmen detektiert werden. Nach der Gabe des Allergens OVA kam es bei Wildtyp-Mäusen zu einer geringfügigen Reduktion der PU.1-Expression, während die in Tyk2-defizienten Mäusen deutlich anstieg und somit auch im Vergleich zum Wildtyp wesentlich stärker war (Abbildung 6-13).

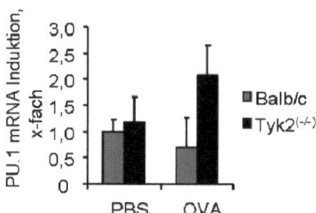

*Abbildung 6-13 Der Transkriptionsfaktor PU.1 wird durch die Abwesenheit von Tyk2 induziert. Aus Lungengewebe wurde RNA extrahiert, diese in cDNA umgeschrieben und mittels PU.1-spezifischer Primer in der qPCR getestet. Die Normalisierung erfolgte dabei zum Gen HPRT, die Auswertung mittels der ΔΔC$_T$-Methode. (n=3-4)*

Das Zytokin IL-3 ist ein wichtiger Differenzierungsfaktor bei der Genese von Mastzellen aus dem Knochenmark und wird von T-Lymphozyten und Mastzellen sezerniert. Bei der Untersuchung der IL-3-Produktion von $CD4^+$-T-Lymphozyten der Lunge konnte bei unbehandelten Mäusen beider Mausstämme nur eine sehr geringe IL-3-Konzentration festgestellt werden. Nach der Allergenbehandlung kam es dann bei beiden Genotypen zu einer Zunahme der IL-3-Sekretion. Diese fiel allerdings bei Tyk2-defizienten Mäusen wesentlich stärker aus als bei Wildtyp-Mäusen, so dass insgesamt eine signifikant erhöhte IL-3-Konzentration vorlag (Abbildung 6-14).

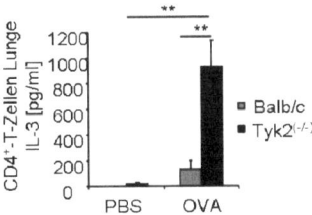

*Abbildung 6-14 Tyk2-Defizienz führt zu erhöhter IL-3-Produktion nach Allergen-Behandlung.*
*$CD4^+$-T-Lymphozyten wurden aus der Lunge isoliert und für 24 Stunden mit Antikörpern gegen CD3 und CD28 inkubiert. Die Überstände wurden dann im ELISA auf die Produktion von IL-3 hin untersucht. (n=4; p=0,002; p=0,004)*

Es wurde nun untersucht inwiefern die erhöhte Produktion der Zytokine IL-9 und IL-3 die Anzahl der Mastzellen in der Lunge beeinflusst. Dazu wurden Gesamtzellen der Lunge durchflusszytometrisch analysiert. Dabei wird die $cKit^{hi}CD123^+Fc\varepsilon RI^+$-Population als Mastzellen ausgewertet. Es zeigte sich, dass bei unbehandelten Mäusen in der Wildtyp-Gruppe ein etwas größerer Anteil der Mastzellen vorhanden ist, als bei Tyk2-defizienten Mäusen. Durch die OVA-Gabe kam es bei beiden Mausstämmen zu einem Anstieg des Mastzellenanteils in der Lunge. Bei Wildtyp-Mäusen fiel dieser jedoch nur sehr gering aus, während bei Tyk2-defizienten Mäusen eine deutlich stärkere Zunahme messbar war. Daher fanden sich nach OVA-Behandlung mehr Mastzellen in der Lunge Tyk2-defizienter Mäuse als in Wildtyp-Mäusen (Abbildung 6-15).

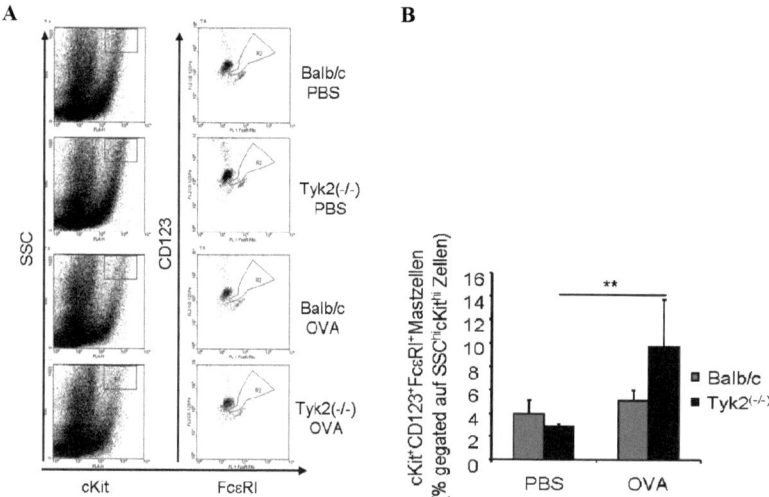

**Abbildung 6-15 Tyk2-Defizienz fördert die Akkumulation von Mastzellen in der Lunge.** *Gesamtzellen der Lunge wurden mit Antikörpern gegen cKit, CD123 und FcεRI inkubiert und durchflusszytometrisch analysiert. Zur Auswertung wurde zunächst auf den $SSC^{hi}cKit^{hi}$-Anteil gegated. Dann wurden die $CD123^+FcεRI^+$-Zellen ausgewählt (A). In B ist die Quantifizierung gezeigt. (n=2-4; p=0,05)*

## 6.2 Tyk2-Defizienz beeinträchtigt die Funktionalität von regulatorischen T-Lymphozyten

Regulatorische T-Lymphozyten ($T_{reg}$) sind durch die Oberflächenmoleküle CD4 und CD25 gekennzeichnet, manche Populationen tragen zudem den „glucocorticoid induced TNF receptor" (GITR). Zudem exprimieren sie den Transkriptionsfaktor Foxp3. Sie spielen eine wichtige Rolle bei der Suppression von Immunantworten und somit auch bei der Kontrolle des allergischen Asthmas.

### 6.2.1 Tyk2-Defizienz hat keinen Einfluss auf den Anteil der $T_{reg}$ in der Lunge

Die Anzahl der $T_{reg}$ in der Lunge lässt Rückschlüsse auf die Stärke der Immunantwort und somit auf die gesamte Ausprägung des allergischen Asthmas zu.

Zunächst wurde der Anteil der $CD4^+CD25^{hi}Foxp3^+$ $T_{reg}$ in der Lunge OVA-behandelter Mäuse mittels durchflusszytometrischer Analyse bestimmt. Es konnte dabei gezeigt werden, dass zwischen den beiden Mausstämmen kein Unterschied im Anteil der $T_{reg}$-Population bestand (Abbildung 6-16).

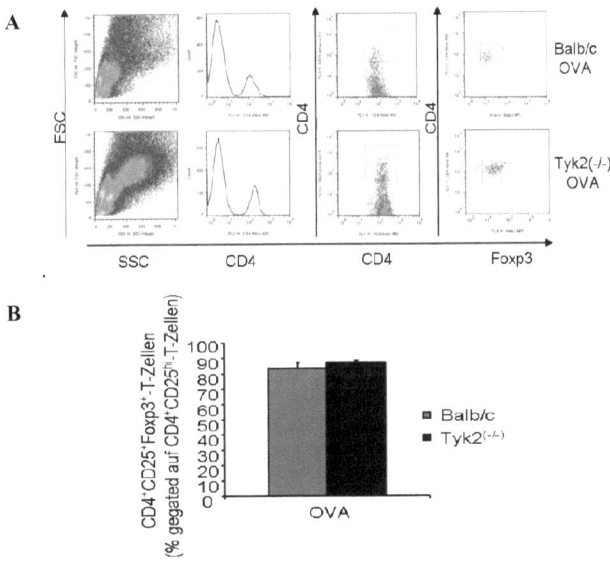

*Abbildung 6-16 Tyk2-Defizienz hat keinen Einfluss auf die Anzahl der $T_{reg}$ nach OVA-Gabe. Gesamtzellen der Lunge wurden aus OVA-behandelten Mäusen isoliert, mit Antikörpern gegen CD4, CD25 und Foxp3 inkubiert und im Durchflusszytometer analysiert. Es wurde zunächst auf Lymphozyten gegated, dann auf $CD4^+$-T-Lymphozyten, darauf auf $CD4^+CD25^{hi}$-Zellen und abschließend auf $CD4^+Foxp3^+$-T-Lymphozyten (A). In B ist die Quantifizierung gezeigt. (n=3-5).*

Der Transkriptionsfaktor Foxp3 ist entscheidend für die Differenzierung naiver T-Lymphozyten zu $T_{reg}$. Daher wurde die Expression der Foxp3-mRNA in der Lunge mittels qPCR analysiert. Dazu wurde Lungengewebe herangezogen. In unbehandelten Mäusen wiesen Tyk2-defiziente Mäuse eine geringere Expression der Foxp3-mRNA auf als Wildtyp-Mäuse. Nach der Allergenbehandlung kam es bei beiden Mausstämmen zu einer Reduktion der Foxp3-Expression, es war daraufhin kein Unterschied in der mRNA-Induktion mehr zu erkennen (Abbildung 6-17).

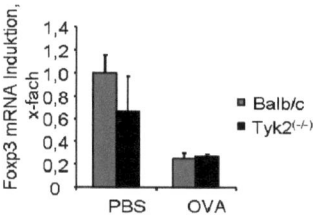

*Abbildung 6-17 Die Behandlung mit OVA führt zu einer reduzierten Foxp3-Expression.* RNA wurde aus der Lunge extrahiert und die daraus gewonnene cDNA mittels spezifischer Primer in der qPCR analysiert. Die Auswertung wurde mit der $\Delta\Delta C_t$-Methode durchgeführt. Bei naiven Mäusen war die Foxp3-Expression in Wildtyp-Mäusen gegenüber Tyk2-defizienten Mäusen erhöht, nach OVA-Behandlung war sie bei beiden Mausstämmen identisch, jedoch geringer als bei naiven Mäusen. (n=3-4)

### 6.2.2 Die Produktion von IL-10 ist antigen-abhängig

Das Zytokin IL-10 wird von Monozyten, Makrophagen, dendritischen Zellen und verschiedenen Populationen von T-Lymphozyten gebildet. Vor allem Th2, Th9 und $T_{reg}$ sind dabei in der Lage IL-10 zu sezernieren.

Es wurde durch ELISA untersucht, wie hoch die Konzentration von IL-10 in der BALF, den Überständen von Gesamtzellen der Lunge sowie von CD4$^+$-T-Lymphozyten ist. Dabei zeigte sich, dass in der BALF bei unbehandelten Tieren Tyk2-defiziente Mäuse weniger IL-10 sezernierten als Wildtyp-Mäuse. In der BALF mit OVA-behandelter Mäuse konnte dann gezeigt werden, dass die IL-10-Konzentration beim Wildtyp nur gering abnahm, während bei Tyk2-defizienten Mäusen ein signifikanter Rückgang festgestellt wurde. Es fand sich daher signifikant weniger IL-10 in der BALF allergenkonfrontierter Tyk2-defizienter Mäuse als im Wildtyp (Abbildung 6-18 A). Bei der Produktion von IL-10 von Gesamtzellen der Lunge zeigt sich jedoch ein leicht verändertes Bild. So fand sich zum einen kein Unterschied in der IL-10-Konzentration unbehandelter Tiere beider Genotypen. Zum anderen produzierten Gesamtzellen aus mit OVA behandelten Tieren deutlich mehr IL-10 als unbehandelte. Hier zeigte sich ein nicht signifikanter Unterschied des IL-10 zwischen Tyk2-defizienten Mäusen und Wildtyp-Mäusen, wobei die Tyk2-defizienten Mäuse mehr IL-10 produzierten (Abbildung 6-18 B). Des Weiteren wurde die Sekretion von IL-10 in den Überständen von CD4$^+$-T-Lymphozyten aus OVA-behandelten Mäusen analysiert. Dabei zeigte sich eine signifikante Zunahme der IL-10-Sekretion in Tyk2-defizienten Mäusen

# ERGEBNISSE

gegenüber Wildtyp-Mäusen. Bei dieser Zellpopulation konnte zudem die höchste IL-10-Freisetzung der untersuchten Proben gemessen werden (Abbildung 6-18 C).

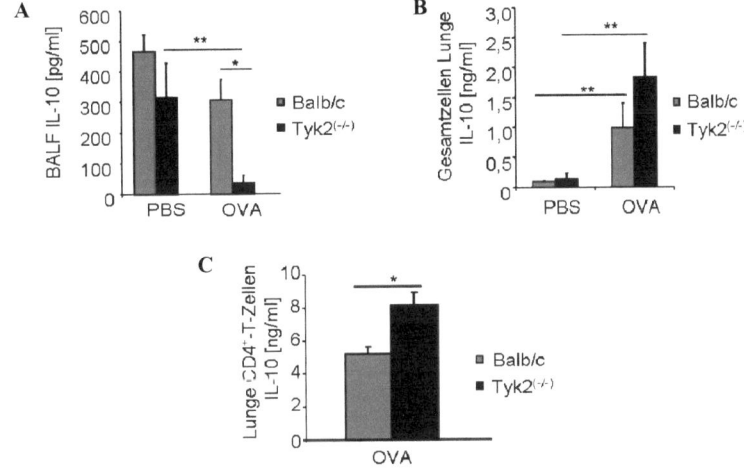

*Abbildung 6-18 Der Einfluss von Tyk2 auf die IL-10-Produktion ist antigen-abhängig. Es wurde die IL-10-Konzentration in der BALF und Überständen von Gesamtzellen sowie $CD4^+$-T-Lymphozyten der Lunge mittels ELISA gemessen. In der BALF zeigte sich ein antigen-abhängiger Rückgang des IL-10 in Tyk2-defizienten Mäusen (A), bei Gesamtzellen war jedoch eine leichte Zunahme zu erkennen (B). $CD4^+$-T-Lymphozyten OVA-behandelter Tyk2-defizienter Mäuse produzierten signifikant mehr IL-10 (C). (A: n=3-5; p=0,012; p=0,005; B: n=3; p=0,005; p=0,024; C: n=3; p=0,012)*

## 6.2.3 Tyk2-Defizienz induziert die Anzahl $GITR^+$-T-Lymphozyten

Mittels durchflusszytometrischer Analyse von Gesamtzellen der Lunge wurde zunächst der Anteil $CD4^+GITR^+$-T-Lymphozyten bestimmt. Unbehandelte Mäuse beider Genotypen wiesen dabei keinen Unterschied im Anteil dieser Population auf. Durch die Gabe von OVA kam es bei beiden Genotypen zu einer signifikanten Zunahme der $CD4^+GITR^+$-T-Lymphozyten. Dabei zeigte sich, dass in Tyk2-defizienten Mäusen nach OVA-Behandlung diese Population im Vergleich zu Wildtyp-Mäusen signifikant erhöht war (Abbildung 6-19).

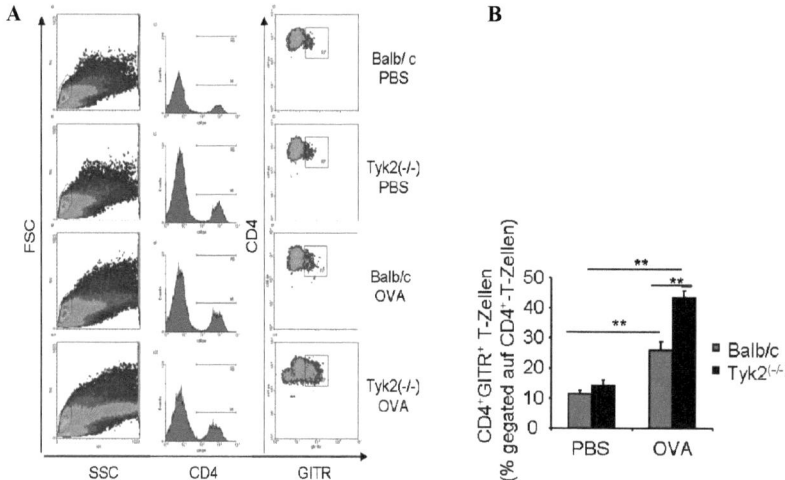

*Abbildung 6-19 Tyk2-Defizenz induziert GITR-Expression auf CD4⁺-T-Lymphozyten.* Gesamtzellen aus der Lunge wurden mit α-CD4- und α-GITR-Antikörpern inkubiert und durchflusszytometrisch untersucht. Es wurde zuerst auf Lymphozyten gegated, dann auf $CD4^+$-T-Lymphozyten, schließlich die $CD4^+GITR^+$-T-Lymphozyten ausgewertet (A). In B ist die Quantifizierung gezeigt. Tyk2-defiziente Mäuse wiesen dabei nach OVA-Gabe signifikant mehr $CD4^+GITR^+$-T-Lymphozyten auf. (n=3; p=0,005; p=0,001; p=0,004)

Im nächsten Schritt wurde bei OVA-behandelten Mäusen der Anteil $CD4^+CD25^{hi}Foxp3^+GITR^+$-T-Lymphozyten gemessen. Dazu wurden Gesamtzellen der Lunge mit Antikörpern gegen CD4, CD25, Foxp3 und GITR inkubiert und anschließend im Durchflusszytometer analysiert. Dabei konnte bei Tyk2-defizienten Mäusen ein signifikant erhöhter Anteil der $T_{reg}$ gegenüber dem Wildtyp nachgewiesen werden (Abbildung 6-20).

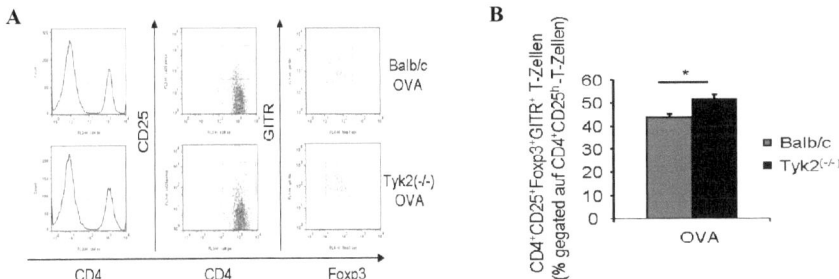

*Abbildung 6-20 Tyk2 reduziert die Anzahl $GITR^+$-$T_{reg}$. Im Durchflusszytometer wurde die Anzahl der $CD4^+CD25^+Foxp3^+GITR^+$-T-Lymphozyten aus Gesamtzellen der Lunge gemessen. Dazu wurde zuerst auf $CD4^+$-T-Lymphozyten gegated, dann auf $CD4^+CD25^{hi}$-T-Lymphozyten. Anschließend wurde auf $Foxp3^+GITR^+$T-Lymphozyten gegated (A). In B ist die Auswertung gezeigt. Tyk2-defiziente Mäuse wiesen dabei einen deutlich höheren Anteil als Wildtyp-Mäuse auf. (n=3; p=0,021)*

### 6.2.4 Die Behandlung mit anti-GITR reduziert die Zahl der $T_{reg}$

Wildtyp-Mäuse und Tyk2-defiziente Mäuse wurden zweimal mit OVA sensibilisiert und an Tag 15 und 18 des Protokolls mit einem agonistischen Antikörper gegen GITR i.p. behandelt. Danach erfolgte die Allergenkonfrontation. Eine Kontrollgruppe wurde mit dem passenden Isotypen (IgG) behandelt.

Aus Gesamtzellen der Lunge wurde daraufhin mittels durchflusszytometrischer Analyse der Gehalt an $T_{reg}$ bestimmt. Die Behandlung mit OVA und dem Kotrollantikörper führte bei beiden Genotypen zur Ausbildung ähnlich großer $T_{reg}$-Anteile. In Wildtyp-Mäusen kam es dann durch die anti-GITR-Gabe zu einer Reduktion der Anzahl regulatorischer T-Lymphozyten. Bei Tyk2-defizienten Mäusen konnte ebenfalls ein starker, signifikanter Rückgang beobachtet werden. Diese Mäuse wiesen zudem nach der anti-GITR-Behandlung signifikant weniger $T_{reg}$ als der Wildtyp auf (Abbildung 6-21).

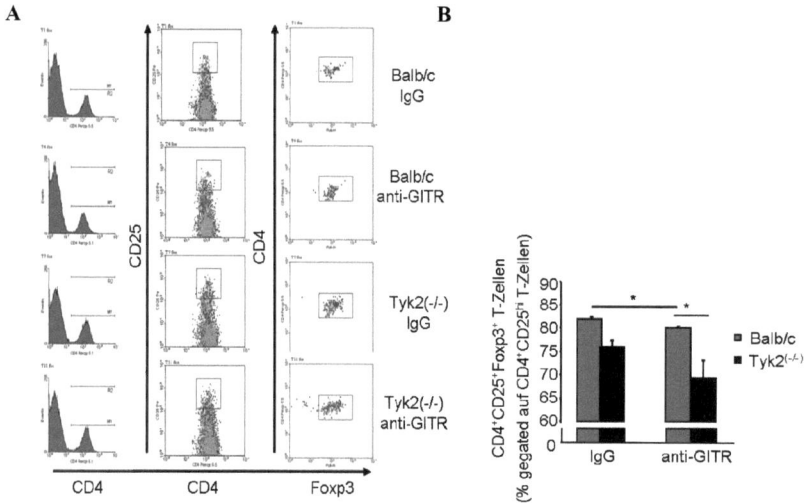

*Abbildung 6-21 Die Behandlung mit anti-GITR reduziert die Anzahl regulatorischer T-Lymphozyten Mäuse wurden mit OVA sensibilisiert und konfrontiert, sie erhielten an Tag 15 und 18 jeweils anti-GITR (200 µg) oder IgG (200 µg) i.p. Gesamtzellen aus der Lunge wurden mit Antikörpern gegen CD4, CD25, Foxp3 und GITR markiert und durchflusszytometrisch analysiert. In A ist die „gating"-Strategie gezeigt, es wurde zuerst auf $CD4^+$-T-Lymphozyten gegated (linke Spalte), dann auf $CD4^+CD25^{hi}$-T-Lymphozyten (mittlere Spalte) und schließlich auf $CD4^+Foxp3^+$-T-Lymphozyten (rechte Spalte). In B ist die Quantifizierung gezeigt. (n=2-4; p=0,037; p=0,012)*

Es ist bekannt, dass die Behandlung mit anti-GITR einerseits zu einer Reduktion von $CD4^+CD25^{hi}Foxp3^+$-$T_{reg}$ und andererseits zu einer Aktivierung von Effektorzellen führt. Dies konnte bestätigt werden, indem in Überständen von $CD4^+$-T-Lymphozyten aus anti-GITR-behandelten Mäusen das Th2-Effektorzytokin IL-4 durch ELISA gemessen wurde. Eine OVA-Behandlung alleine führte, wie bereits in Abschnitt 6.1.5 gezeigt, zu einer erhöhten IL-4-Freisetzung in Tyk2-defizienten Mäusen im Vergleich zu Wildtyp-Mäusen. Bei beiden Genotypen kam es nach der zusätzlichen anti-GITR-Gabe zu einer Zunahme der IL-4-Produktion. $CD4^+$-T-Lmphozyten Tyk2-defizienter Mäuse sezernierten auch dann signifikant mehr IL-4 als Wildtyp-Mäuse (Abbildung 6-22 A). Wurde hingegen das Zytokin IL-17A untersucht, so zeigte sich nach IgG-Gabe nur ein geringer Unterschied zwischen den beiden Genotypen. Tyk2-defiziente Mäuse produzierten etwas weniger IL-17A als Wildtyp-Mäuse. Es konnte jedoch durch die Behandlung mit anti-GITR eine leichte Reduktion der IL-17A-Sekretion gegenüber der alleinigen OVA-Gabe beobachtet werden, doch dabei war kein Unterschied zwischen den beiden Genotypen zu beobachten (Abbildung 6-22 B).

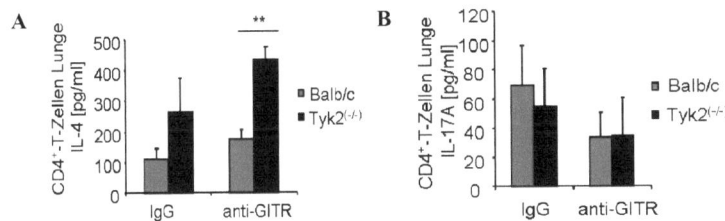

*Abbildung 6-22 Die Behandlung mit anti-GITR induziert die IL-4-Produktion und reduziert die IL-17A-Produktion. Mäuse wurden mit OVA sensibilisiert und konfrontiert, sie erhielten an Tag 15 und 18 anti-GITR (200µg) oder IgG (200µg) i.p. An Tag 21 wurde CD4$^+$-T-Lymphozyten aus der Lunge isoliert und für 24 Stunden mit Antikörpern gegen CD3 und CD28 inkubiert. Anschließend wurden die Überstände im ELISA auf die Konzentration an Zytokinen untersucht. Gemessen wurden IL-4 (A) und IL-17A (B). (A: n=2-3; p=0,0004; B: n=3-5)*

Nach der Behandlung mit anti-GITR wurde der Anteil der CD4$^+$CD25$^{hi}$Foxp3$^+$GITR$^+$-T$_{reg}$ im Durchflusszytometer untersucht. Dabei zeigte sich bei den mit OVA und Kontroll-IgG behandelten Mäusen nur ein geringfügiger Unterschied im Anteil der T$_{reg}$. Die Tyk2-defizienten Mäuse weisen etwas mehr T$_{reg}$ auf als Wildtyp-Mäuse. Durch die Behandlung mit anti-GITR kam es bei diesem Mausstamm nicht zu einer Veränderung des T$_{reg}$-Anteils, während bei Tyk2-defizienten Mäusen eine signifikanten Abnahme zu beobachten war. Die Tyk2-defizienten Mäuse weisen nun deutlich weniger T$_{reg}$ auf als Wildtyp-Mäuse (Abbildung 6-23).

80 ERGEBNISSE

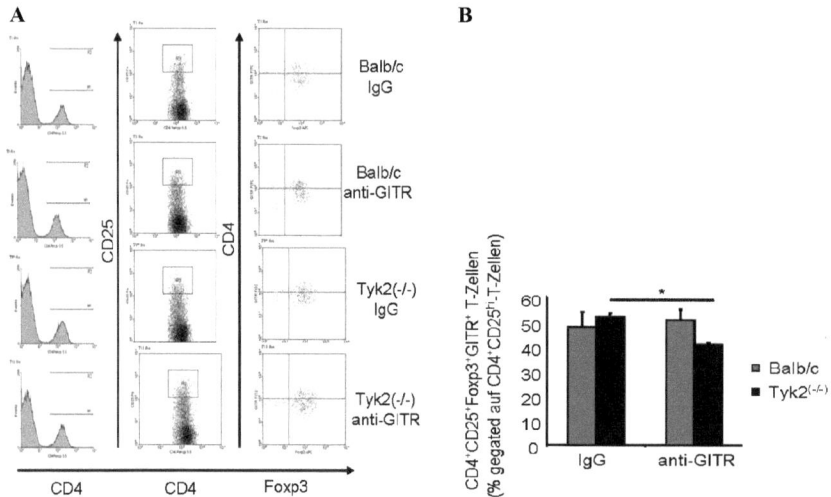

*Abbildung 6-23 Anti-GITR-Behandlung führt bei Tyk2-defizienten Mäusen zu einer Reduktion der $CD4^+CD25^{hi}Foxp3^+GITR^+$-$T_{reg}$. Im Durchflusszytometer wurden Lungenzellen aus mit OVA alleine oder mit OVA und anti-GITR bzw. Kontroll-IgG behandelten Mäusen gemessen, die zuvor mit Antikörpern gegen CD4, CD25, Foxp3 sowie GITR inkubiert worden waren. Zuerst wurde dann auf $CD4^+$-T-Lymphozyten gegated, dann auf $CD4^+CD25^{hi}$ und schließlich auf die $CD4^+Foxp3^+$-T-Lymphozyten (A). In B ist die Quantifizierung gezeigt. (n=2-3; p=0,006)*

## 6.3 Tyk2-Defizienz hemmt die Differenzierung zu Th17-Lymphozyten

Tyk2 spielt eine wichtige Rolle bei der Signaltransduktion von Zytokinen wie IL-6 und IL-23, die an der Differenzierung naiver $CD4^+$-Lymphozyten zu Th17-Zellen beteiligt sind. Aus diesem Grund wurde die Entwicklung dieser Zellen unter Th17-Konditionen im Vergleich zu Wildtyp-Zellen analysiert.

### 6.3.1 Tyk2-Defizienz inhibiert die Differenzierung naiver $CD4^+$-T-Lymphozyten zu Th17-Zellen *in vitro*

Zur Untersuchung des Differenzierungsverhaltens naiver T-Lymphozyten wurden aus der Milz $CD4^+CD62L^+$-T-Lymphozyten isoliert. Diese wurden dann mit anti-CD3, anti-CD28, anti-IFNγ, anti-IL-4 und TGFβ stimuliert. In verschiedenen Konditionen wurden noch die Zytokine IL-6, IL-21 und IL-23 zugegeben. Nach drei Tagen wurde IL-2 zur Kultur gegeben und nach fünf Tagen wurden die Überstände zur weiteren Analyse abgenommen.

Es zeigte sich, dass Tyk2-defiziente differenzierte Milzzellen in allen untersuchten Konditionen deutlich weniger IL-17A produzierten als Wildtyp-Zellen (Abbildung 6-24 A). Die IL-17F-Produktion nach einem Th17-Skewing zeigte hingegen keine Unterschiede zwischen den beiden Genotypen (Abbildung 6-24 B). Es konnte gezeigt werden, dass Tyk2-defiziente Zellen in allen Konditionen mehr IL-10 produzieren als Wildtyp-Zellen. Es kam daher zu einer Verschiebung der Zytokinproduktion von Th17-Zytokinen hin zu einem regulatorischen Zytokin (Abbildung 6-24 C).

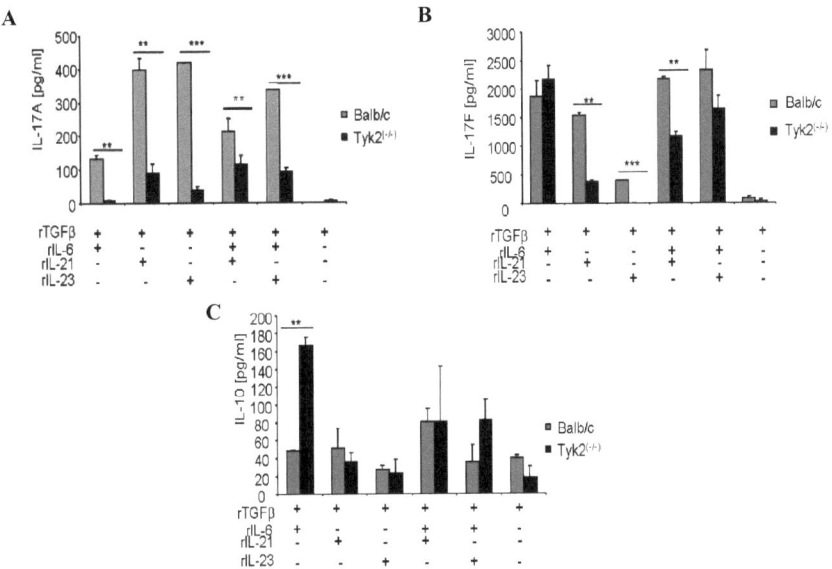

*Abbildung 6-24 Naive T-Lymphozyten aus Tyk2-defizienten Mäusen produzieren weniger IL-17A nach Th17 Skewing. Naive $CD4^+CD62L^+$-T-Lymphozyten wurden mit Antikörpern gegen CD3, CD28, IL-4 und IFNγ sowie den jeweiligen Zytokinen (TGFβ, IL-6, IL-21, IL-23) für fünf Tage inkubiert. Dabei war die Produktion des Zytokins IL-17A in Tyk2-defizienten Zellen deutlich erniedrigt (A). Bei der Produktion von IL-17F konnte hingegen keine solche Defizienz festgestellt werden (B). Tyk2-defiziente Milzzellen produzierten mehr IL-10 als Wildtyp-Zellen (C). (A: n=2; p=0,004; p=0,009; p=0,0003; p=0,0008; p=0,006; B: n=2; p=0,001; p=0,0003; p=0,004; C: n=2; p=0,003)*

## 6.3.2 Der Einfluss der Tyk2-Defizienz auf die Th17-induzierenden Zytokine ist im Asthma-Modell unterschiedlich stark ausgeprägt

Die Zytokine TGFβ, IL-6, IL-1β, IL-21 und IL-23 sind für die Differenzierung von naiven T-Lymphozyten zu Th17-Zellen wichtig. Es wurde die Produktion dieser Zytokine in Gesamtzellen der Lunge mittels ELISA gemessen.

Es konnte gezeigt werden, dass lediglich das Zytokin TGFβ im unbehandelten Zustand in Tyk2-defizienten Mäusen in größeren Mengen als in Wildtyp-Mäusen gebildet wurde. Die Produktion von IL-6, IL-21 sowie IL-1β war dagegen in Tyk2-defizienten Mäusen erniedrigt. Betrachtet man die Produktion der Zytokine nach einer Behandlung der Mäuse mit OVA, so konnte bei TGFβ, IL-6 und IL-1β eine Zunahme bei beiden Genotypen festgestellt werden. Bei TGFβ und IL-6 war allerdings eine geringere Produktion zu erkennen als im Wildtyp. Bei IL-1β unterschieden sich beide Genotypen nicht. Bei IL-21 führte die OVA-Behandlung nicht zu einer Änderung der Sekretion bei Wildtyp-Mäusen. In Tyk2-defizienten Mäusen kam es zu einer Reduktion der IL-21-Produktion, so dass diese dann signifikant geringer war als in Wildtyp-Mäusen (Abbildung 6-25).

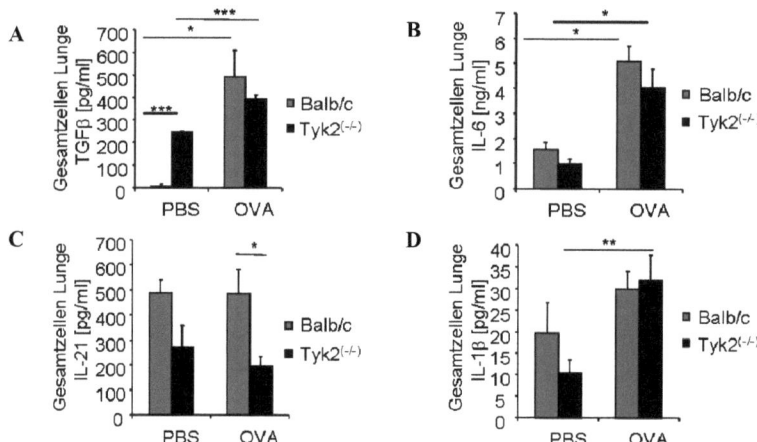

*Abbildung 6-25 Tyk2 beeinflusst die Sekretion Th17-induzierender Zytokine in unterschiedlicher Weise.*
*Gesamtzellen aus der Lunge wurden an Tag 21 des Protokolls isoliert und 24 Stunden mit Antikörpern gegen CD3 und CD28 inkubiert. Die Überstände wurden dann mittels ELISA auf ihre Produktion der Zytokine TGFβ (A), IL-6 (B), IL-21(C) und IL-1β (D) getestet. (A: n=3; p=0,0001; p=0,025; p=0,0002; B: n=2-4; p=0,010; p=0,003; C: n=3; p=0,024; D: n=2-4; p=0,009)*

Die Menge des sezernierten IL-23 im Überstand von Gesamtzellen war stets unterhalb der Nachweisgrenze. Lediglich in der BALF konnte eine ausreichende Menge dieses Zytokins detektiert werden. Dabei fand sich in der BALF unbehandelter Tiere signifikant mehr IL-23 in Tyk2-defizienten Mäusen als im Wildtyp. Nach der Allergenbehandlung mit OVA kam es bei beiden Genotypen zu einer signifikanten Reduktion und es zeigte sich dann genau das Gegenteil (Abbildung 6-26).

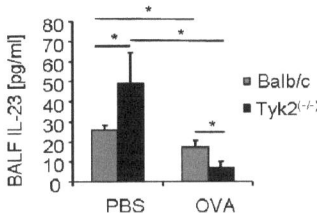

*Abbildung 6-26 Der Einfluss von Tyk2 auf die IL-23-Produktion ist antigen-abhängig. Die bei der Lavage gewonnene Flüssigkeit wurde per Zentrifugation von den enthaltenen Zellen getrennt und dann durch ELISA auf den Gehalt an IL-23 geprüft. (n=4-5; p=0,045; p=0,038; p=0,043; p=0,012)*

Um $CD4^+$-T-Lymphozyten als mögliche Quelle der Th17-induzierenden Zytokine im Allergie-Modell zu untersuchen, wurden diese Zellen aus den Lungen mit OVA behandelter Mäuse isoliert und 24 Stunden mit anti-CD3 sowie anti-CD28 inkubiert. Die Überstände wurden dann mit ELISA auf den Gehalt von TGFβ, IL-6, IL-1β, IL-21 und IL-23 getestet.

Bei der TGFβ-Produktion konnte kein Unterschied zwischen den beiden Genotypen detektiert werden (Abbildung 6-27 A). Die Sekretion von IL-6 und IL-21 war nach Allergensensibilisierung und -konfrontation in Tyk2-defizienten Mäusen gegenüber Wildtyp-Mäusen signifikant erhöht (Abbildung 6-27 B, C). Die IL-1β- sowie die IL-23-Konzentrationen lagen in allen Proben unterhalb der Nachweisgrenze.

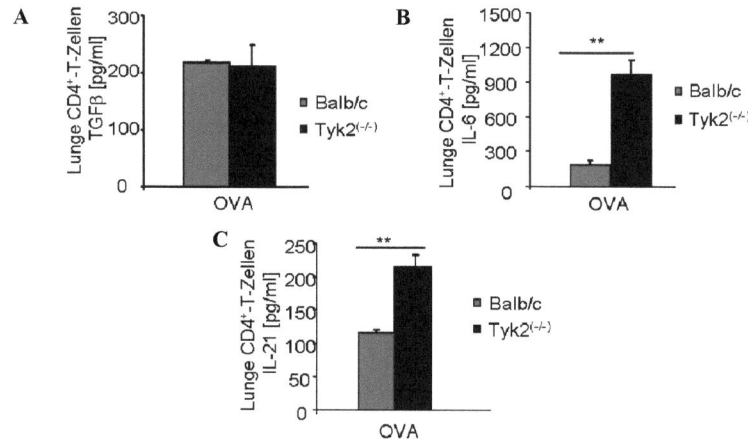

*Abbildung 6-27 Tyk2 inhibiert die Produktion von IL-6 und IL-21 in einem murinen Modell allergischen Asthmas. Die Produktion der Zytokine TGFβ (A), IL-6 (B) sowie IL-21 (C) aus CD4⁺-T-Lymphozyten der Lunge wurde in den Überständen mit ELISA bestimmt. Dazu wurden die Zellen zuvor für 24 Stunden mit anti-CD3 und anti-CD28 inkubiert. (A: n=3; B: n=4-5; p=0,002; C: n=4-5; p=0,004)*

### 6.3.3 *In vivo* inhibiert die Tyk2-Defizienz die Produktion von IL-17A in einem murinen Modell allergischen Asthmas

In einem Modell allergischen Asthmas wurde die IL-17A-Produktion mittels ELISA und Durchflusszytometrie untersucht. In der BALF kann aufgrund der sehr niedrigen gemessenen IL-17A-Konzentration keine eindeutige Aussage zur Fähigkeit dieses Zytokin zu sezernieren, getroffen werden (Abbildung 6-28). Bei der Analyse der Überstände von CD4⁺-T-Lymphozyten der Lunge konnte hingegen gezeigt werden, dass bei unbehandelten Tieren kein Unterschied in der Produktion des Zytokins auftritt. Vergleicht man jedoch die Sekretion von IL-17A nach der OVA-Behandlung, so fand ein signifikanter Anstieg bei beiden Genotypen statt. Bei Tyk2-defizienten Mäusen zeigte sich jedoch eine deutliche Reduktion im Vergleich zu Wildtyp-Mäusen (Abbildung 6-28 B). Auch mittels durchflusszytometrischer Analyse konnte nachgewiesen werden, dass es durch die Gabe von OVA bei beiden Mausstämmen zu einem signifikanten Anstieg der CD4⁺IL-17A⁺-T-Lymphozyten kam. Die Zunahme war bei Tyk2-defizienten Mäusen jedoch auch hier geringer als bei Wildtyp-Mäusen (Abbildung 6-28 C, D).

# ERGEBNISSE

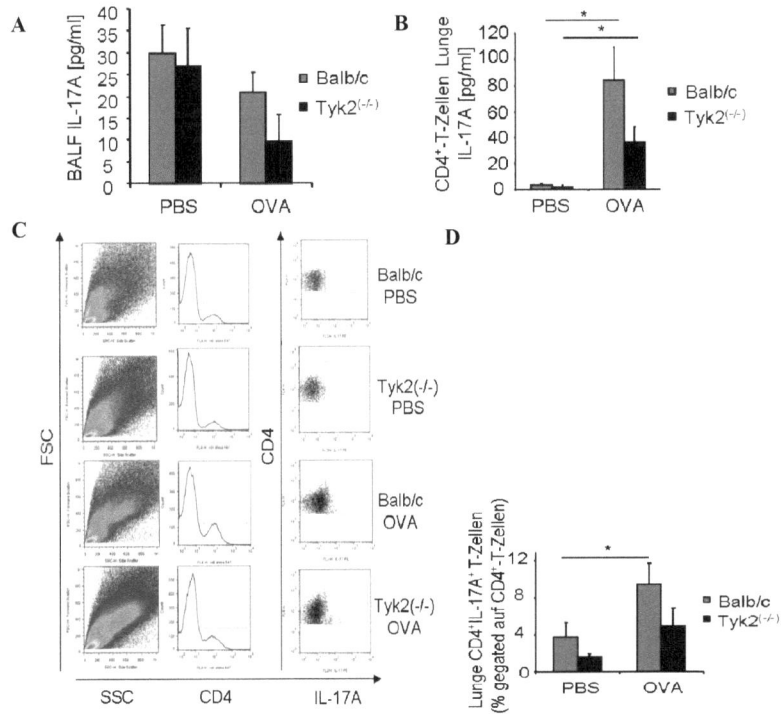

*Abbildung 6-28 Tyk2 induziert die Produktion von IL-17A in $CD4^+$-Lymphozyten. $CD4^+$-T-Lymphozyten wurden aus der Lunge isoliert und für 24 Stunden mit Antikörpern gegen CD3 und CD28 inkubiert. Anschließend wurden die Überstände im ELISA auf die Konzentration an IL-17A untersucht (B). Gesamtzellen wurden über Nacht mit anti-CD3 und anti-CD28 inkubiert und dann für vier Stunden mit PMA und Ionomycin stimuliert. Anschließend wurden die Zellen mit anti-CD4 und anti-IL-17A gefärbt und durchflusszytometrisch analysiert. Die Zellen wurden dazu zuerst auf Lymphozyten, dann auf $CD4^+$-T-Lymphozyten gegated und dann auf $CD4^+IL$-$17A^+$-T-Lymphozyten (C). In D ist die Quantifizierung zu C gezeigt. Tyk2-defiziente Mäuse zeigen eine verminderte IL-17A-Produktion nach der Behandlung mit OVA. Dies konnte mittels ELISA (B) und durchflusszytometrischer Analyse (C) gezeigt werden. (A: n=3; B: n=3; p=0,017; p=0,019; D: n=4-5; p=0,033)*

Die Familie der IL-17-Zytokine besteht aus sechs Mitgliedern, IL-17A bis IL-17F. Dabei zeigen vor allem IL-17A und IL-17F eine starke Homologie in Struktur und Funktion. Inzwischen wurde auch die Existenz von Heterodimeren (IL-17AF) dieser beiden Zytokine nachgewiesen (146). Aus diesem Grund wurde die Produktion von IL-17F und die des Heterodimers IL-17AF in der BALF sowie in Gesamtzellüberständen der Lunge per ELISA gemessen. Bei IL-17F konnte in der BALF in Tyk2-defizienten Mäusen eine stärkere

Produktion festgestellt werden als in Wildtyp-Mäusen. Durch die OVA-Behandlung kam es bei diesem Genotyp zu einer signifikanten Zunahme der IL-17F-Sekretion, während diese in Tyk2-defizienten Mäusen abnahm. Dadurch war in beiden Mausstämmen eine vergleichbare IL-17F-Konzentration messbar (Abbildung 6-29 A). Bei den Gesamtzellen der Lunge ergab sich ein etwas anderes Ergebnis. So war bei unbehandelten Wildtyp-Mäusen eine stärkere Produktion des Zytokins zu erkennen. Die Gabe des Allergens OVA führte dann bei beiden Genotypen zu einer starken Zunahme der IL-17F-Sekretion. Auch hier setzten die Gesamtzellen der Wildtyp-Mäuse mehr IL-17F frei, als diese der Tyk2-defizienten Mäuse (Abbildung 6-29 B).

In der BALF Tyk2-defizienter Mäuse konnte bei der unbehandelten Gruppe eine deutlich stärkere IL-17AF-Produktion beobachtet werden, als bei Wildtyp-Mäusen. Nach der OVA-Gabe zeigte sich dann das umgekehrte Bild und Wildtyp-Mäuse sezernierten mehr IL-17AF als Tyk2-defiziente Mäuse (Abbildung 6-29 C). Bei der Analyse der Gesamtzellüberstände konnte bei unbehandelten Mäusen beider Stämme nur eine äußerst geringe IL-17AF-Produktion gemessen werden. Die Behandlung mit OVA führte zu einer Zunahme der Sekretion, die jedoch im Wildtyp wesentlich stärker ausfiel als in Tyk2-defizienten Mäusen (Abbildung 6-29 D).

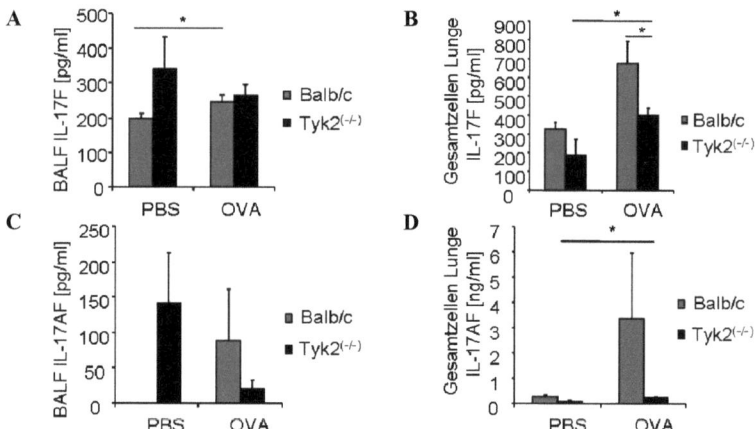

*Abbildung 6-29 Tyk2-Defizienz beeinflusst auch die IL-17F-Produktion, die Sekretion von IL-17AF wird hingegen antigen-abhängig reguliert.* Die Produktion der Zytokine IL-17F und IL-17AF wurde in der BALF (A, C) und in den Überständen mit anti-CD3 und anti-CD28 stimulierter Lungen-Gesamtzellen (B, D) mittels ELISA gemessen. (A: n=3-5; p=0,036; B: n=2-4; p=0,046; p=0,046; C: n=2-4; D: n=2-4; p=0,034)

Bei der Untersuchung der Expression des Transkriptionfaktors RORγt, der entscheidend für die Differenzierung naiver T-Lymphozyten zu Th17-Zellen verantwortlich ist, zeigte sich, dass in naiven Mäusen zwischen den beiden Mausstämmen kein Unterschied in der Expression auftrat. Nach der Behandlung mit OVA kam es dann bei beiden Genotypen zu einer Reduktion der Expression, die jedoch bei Tyk2-defizienten Mäusen stärker war (Abbildung 6-30).

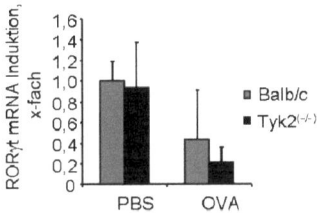

*Abbildung 6-30 Die Behandlung mit OVA führt zu einer reduzierten RORγt-Expression.* RNA wurde aus Gesamtzellen der Lunge extrahiert und nach der Synthese der cDNA auf die Expression von RORγt-mRNA hin untersucht. (n=3-4)

STAT3 ist ein Transkriptionsfaktor, der für die Differenzierung naiver T-Lymphozyten zu Th17-Zellen wichtig ist. Bei der Analyse von $CD4^+$-T-Lymphozyten auf ihre Expression von pSTAT3 konnte gezeigt werden, dass kein Unterschied zwischen den beiden Genotypen bestand. Durch die Behandlung mit OVA kam es jedoch bei Tyk2-defizienten Mäusen zu einer Zunahme der $CD4^+pSTAT3^+$-T-Lymphozyten, während bei Wildtyp-Mäusen keine Erhöhung der pSTAT3-Expression feststellbar war (Abbildung 6-31).

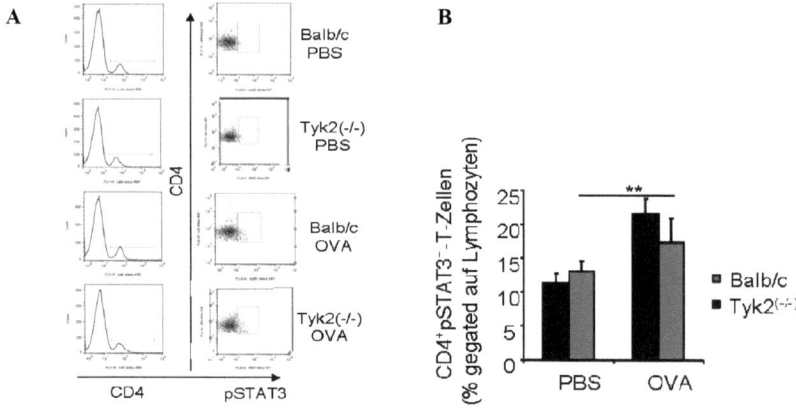

***Abbildung 6-31 Tyk2 beeinflusst die Expression von pSTAT3 nicht.*** *In einer durchflusszytometrischen Analyse von Gesamtzellen der Lunge wurde die Expression von pSTAT3 in $CD4^+$-T-Lymphozyten untersucht. Dazu wurden die Zellen mit Antikörpern gegen CD4 und pSTAT3 inkubiert. Zuerst wurde auf $CD4^+$-T-Lymphozyten gegated, dann die $pSTAT3^+$-T-Lymphozyten im Histogramm dargestellt (A). In B ist die Quantifizierung gezeigt. (n=4-5; p=0,002)*

Ein anderer Transkriptionsfaktor, der für die Differenzierung naiver T-Lymphozyten zu Th17-Zellen wichtig ist, ist IRF4. Er spielt vor allem eine Rolle bei der Induktion der Expression des Th17-spezifischen Transkriptionsfaktors RORγt. Daher wurde die Expression von IRF4 mittels qPCR untersucht. Dazu wurde die RNA aus Gesamtzellen der Lunge gewonnen. Es konnte gezeigt werden, dass die IRF4-Expression in unbehandelten Mäusen beider Genotypen ähnlich stark war. Bei Wildtyp-Mäusen kam es zu keinem Anstieg der Expression nach einer Behandlung mit OVA, während dies bei Tyk2-defizienten Mäusen der Fall war (Abbildung 6-32 A).

Der Transkriptionsfaktor BATF ist ebenfalls an der Induktion der IL-17A-Expression beteiligt, daher wurde durch qPCR überprüft, ob zwischen der BATF-Expression und Tyk2-Defizienz ein Zusammenhang hergestellt werden kann. Bei unbehandelten Mäusen konnte eine deutliche Reduktion der Expression von BATF in Tyk2-defizienten Mäusen im Vergleich zu Wildtyp-Mäusen detektiert werden. Nach Behandlung der Mäuse mit dem Allergen kam es bei Wildtyp-Mäusen zu einer verminderten BATF-Expression, währen bei den Tyk2-defizienten Mäusen kein Unterschied zur unbehandelten Gruppe feststellbar war. Die BATF-Expression war nun sogar etwas höher als die der Wildtyp-Mäuse (Abbildung 6-32 B).

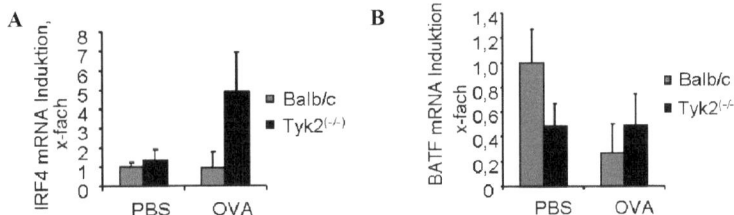

*Abbildung 6-32 IRF4 mRNA-Expression ist bei Tyk2-Defizienz antigen-abhängig, die BATF-Expression hingegen nicht.* Die Expression der IRF4-mRNA sowie der BATF-mRNA wurde mittels qPCR aus Gesamtzellen der Lunge untersucht. Die Normalisierung erfolgte mit HPRT, die Auswertung mittels der $\Delta\Delta C_t$-Methode. Tyk2-defiziente Mäuse wiesen nach OVA-Gabe eine deutlich erhöhte Induktion der IRF4-mRNA auf als der Wildtyp (A), bei BATF zeigte sich hingegen kein solch deutlicher Zusammenhang (B). (A: n=3-4; B: n=3-4)

Das Molekül SOCS3 hemmt die Aktivierung von STAT3 und spielt dadurch ebenfalls eine große Rolle bei der Differenzierung von Th17-Zellen. Die Expression von SOCS3 wurde mittels Western Blot untersucht. Dabei wurden aus Lungengewebe Proteine extrahiert und diese auf das Vorhandensein von SOCS3 hin analysiert. Die Expression wurde mit β-Actin normalisiert. Nach der Allergenbehandlung konnte dabei eine signifikant erhöhte Menge von SOCS3 in der Lunge von Tyk2-defizienten Mäusen im Vergleich zu Wildtyp-Mäusen festgestellt werden (Abbildung 6-33 A, B).

Bei der Analyse der Expression von SOCS3 in der Lunge per qPCR konnte nach der OVA-Behandlung ebenso eine deutliche Induktion in Tyk2-defizienten Mäusen im Vergleich zu Wildtyp-Mäusen gemessen werden. Es zeigte sich auch, dass diese Differenz antigen-abhängig ist, da bei unbehandelten Mäusen kein Unterschied in der Expression bei beiden Genotypen nachzuweisen war (Abbildung 6-33 C).

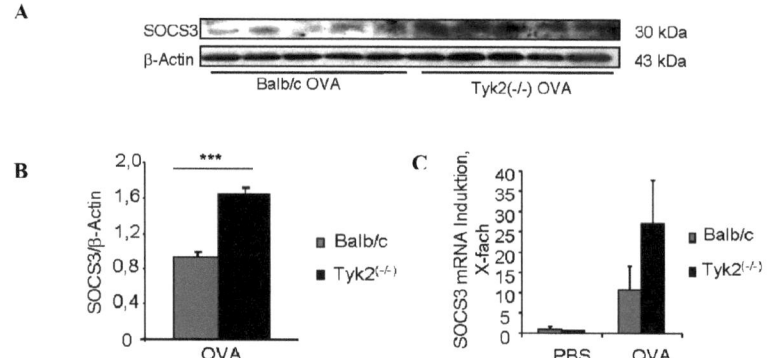

*Abbildung 6-33 Tyk2 inhibiert die Expression von SOCS3 nach Allergen-Behandlung. Aus der Lunge wurden Proteine extrahiert und diese im Western Blot. mit Antikörpern gegen SOCS3 und β-Actin inkubiert. Die Expression beider Proteine wurde dann zueinander ins Verhältnis gesetzt (A, B). Aus der Lunge wurde RNA extrahiert, diese in cDNA umgeschrieben und mittels qPCR auf die Expression von SOCS3 hin untersucht. Die Normalisierung erfolgte mit HPRT, die Auswertung mittels der $\Delta\Delta C_T$-Methode (C). (B: n=5; p=0,00003; C: n=3-4)*

### 6.3.4 Rekombinantes IL-17A induziert Atemwegshyperreagibilität und Neutrophilie

Da IL-17A mit einer erhöhten AHR assoziiert ist, wurden Tyk2-defiziente Mäuse mit diesem Zytokin behandelt. Dabei erfolgte die Gabe von IL-17A (i.n.) während der Konfrontationsphase, jeweils kurze Zeit vor der Applikation des vernebelten Allergens.

Die AHR wurde in einem nicht-invasiven Ganzkörperplethysmographen nach der Provokation durch MCh gemessen. Dabei zeigte sich bei der höchsten untersuchten Konzentration (25 mg/ml MCh) eine deutliche Induktion der AHR durch die Behandlung der Mäuse mit IL-17A. Diese fiel jedoch bei Wildtyp-Mäusen stärker aus als bei Tyk2-defizienten Mäusen. Generell blieb die AHR dieser Mäuse unter der der Wildtyp-Mäuse. Bei den nur mit OVA behandelten Mäusen zeigte sich kein Unterschied in der AHR der beiden Genotypen (Abbildung 6-34).

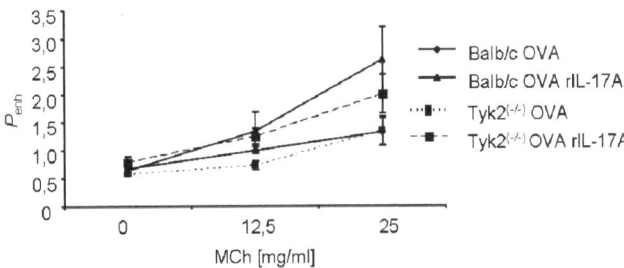

*Abbildung 6-34 IL-17A induziert die Atemwegshyperreagibilität. Die AHR wurde mittels nicht-invasiver Ganzkörperplethysmographie gemessen. Die Behandlung mit IL-17A und OVA führt zu einer erhöhten AHR bei beiden Genotypen, jedoch ist die AHR bei Tyk2-Defizienz niedriger als beim Wildtyp. Wurden die Mäuse nur mit OVA alleine behandelt, so zeigte sich kein Unterschied zwischen den Genotypen. (n=3-4)*

Die Zellen der BAL wurden im Durchflusszytometer analysiert. Dabei wurde der Anteil der neutrophilen Granulozyten (CD3⁻CD45R⁻Gr-1$^+$CCR3⁻) determiniert. Bei nur mit OVA konfrontierten Mäusen zeigt sich eine geringere Neutrophilie bei Tyk2-defizienten Mäusen im Vergleich zu Wildtyp-Mäusen. Durch eine zusätzliche Behandlung mit IL-17A kam es bei beiden Genotypen zu einem signifikanten Anstieg der Anzahl neutrophiler Granulozyten in der BAL, Tyk2-defiziente Mäuse wiesen aber wiederum einen signifikant geringeren Anteil auf als der Wildtyp. Bei den eosinophilen Granulozyten zeigte sich bei alleiniger OVA-Behandlung ein erhöhter Anteil in Tyk2-defizienten Mäusen im Vergleich zum Wildtyp. Die zusätzliche Gabe von IL-17A hatte allerdings keine Auswirkung auf den Gehalt eosinophiler Granulozyten, auch hier war diese Zellpopulation vermehrt in Tyk2-defizienten Mäusen zu finden. Allerdings war nun der Unterschied zwischen den beiden Genotypen aufgrund der geringen Standardabweichung signifikant (Abbildung 6-35).

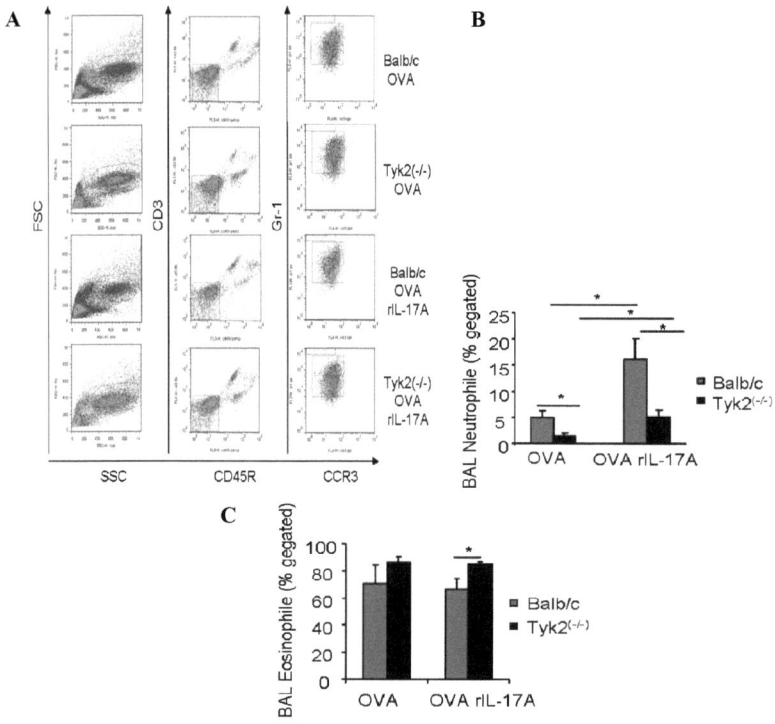

*Abbildung 6-35 Rekombinantes IL-17A erhöht die Anzahl neutrophiler Granulozyten. Nach der Lavage wurden die so gewonnenen Zellen pelletiert und mit Antikörpern gegen CD3, CD45R, Gr-1 sowie CCR3 inkubiert. Danach wurden die Zellen im Durchflusszytometer untersucht. Dabei werden die Zellen zuerst als CD3⁻CD45R⁻ charakterisiert und dann die Gr-1⁺CCR⁺-Zellen als eosinophile Granulozyten ausgewertet (unteres Gate), im oberen Gate (Gr-1⁺CCR3⁻) befinden sich die neutrophilen Granulozyten (A). In B ist die Quantifizierung der Neutrophilen gezeigt, in C die der Eosinophilen. (A: n=3-4; p=0,039; p=0,029; p=0,036; p=0,015; B: n=3-4; p=0,022)*

### 6.3.5 IL-17A hat keinen Einfluss auf die bronchiale Entzündung sowie die IgE-Produktion

Anhand von Gewebsschnitten der Lunge, die mit HE gefärbt wurden, konnte die Ausprägung der Inflammation der Atemwege quantifiziert werden. Tyk2-defiziente Mäuse zeigten unabhängig von der Behandlung mit IL-17A eine stärkere Entzündung als Wildtyp-Mäuse. Bei Wildtyp-Mäusen wiesen mit rekombinantem IL-17A behandelte Mäuse eine Zunahme der Stärke der pulmonalen Entzündung im Vergleich zu den allein mit dem Allergen konfrontierten Mäusen auf. Bei Tyk2-defizienten Mäusen konnte eine solche Zunahme hingegen nicht beobachtet werden, hier änderte die IL-17A-Gabe die Stärke der Inflammation nicht (Abbildung 6-36).

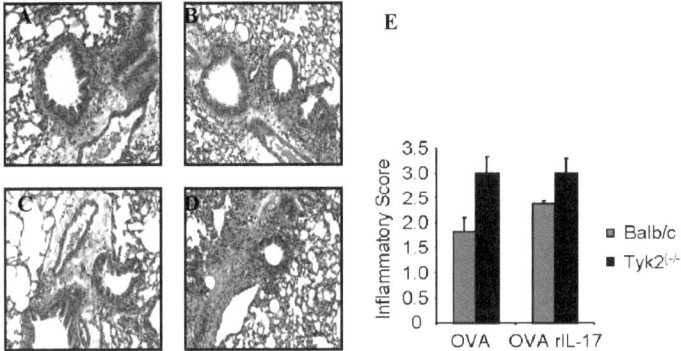

*Abbildung 6-36 Die Gabe von IL 17A hat keinen Einfluss auf die Ausbildung der Entzündung der Atemwege.*
*Lungenschnitte wurden mit HE gefärbt und histologisch begutachtet. Tyk2-defiziente Mäuse (B, D) weisen unabhängig von der Behandlung eine stärkere Inflammation der Bronchien als die Wildtyp-Mäuse (A, C) auf. Die mikroskopischen Aufnahmen stellen eine 200x-Vergrößerung dar. In E ist die Quantifizierung gezeigt. (n=3-4)*

Auch bei der Produktion des IgE im Serum konnte nur ein geringer Einfluss der IL-17A-Behandlung beiden Genotypen festgestellt werden. Es kam dabei zu einer leichten Zunahme der IgE-Konzentration. Bei beiden Behandlungsgruppen wiesen die Tyk2-defizienten Mäuse im Vergleich zum Wildtyp eine signifikant erhöhte IgE-Konzentration auf (Abbildung 6-37).

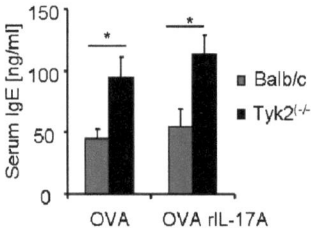

**Abbildung 6-37 Rekombinantes IL-17A hat keinen Einfluss auf die IgE-Produktion nach Allergenbehandlung.** *Mäusen wurde nach erfolgter Induktion allergischen Asthmas Blut entnommen, aus dem Serum wurde dann durch ELISA die Konzentration an IgE gemessen. Tyk2-Defizienz geht hier unabhängig von der Behandlung mit IL-17A mit einer erhöhten IgE-Konzentration einher. (n=3-4; p=0,025; p=0,021)*

### 6.3.6 IL-17A reduziert die Produktion von Th2-Zytokinen in Tyk2-defizienten Mäusen

Nach der Behandlung der Mäuse mit IL-17A während der Konfrontationsphase wurden aus der Lunge $CD4^+$-T-Lymphozyten isoliert und 24 Stunden mit Antikörpern gegen CD3 und CD28 inkubiert. Die Überstände wurden dann per ELISA hinsichtlich ihrer Produktion der Th2-typischen Zytokine IL-4, IL-5 und IL-13 untersucht.

Alle drei Zytokine wurden nach der Behandlung mit OVA alleine in Tyk2-defizienten Mäusen signifikant stärker produziert als in Wildtyp-Mäusen. Bei der Analyse zeigte sich bei IL-4 und IL-13 kein Unterschied in der Produktion bei Wildtyp-Zellen nach der zusätzlichen Behandlung mit IL-17A im Vergleich zur OVA-Gabe alleine. Bei Tyk2-defizienten $CD4^+$-T-Lymphozyten konnte bei beiden Zytokinen allerdings eine signifikante Reduktion der Zytokinspiegel nachgewiesen werden. Bei IL-5 kam es bei Wildtyp-Mäusen durch die IL-17A-Gabe zu einer verstärkten Produktion, während bei Tyk2-defizienten Mäusen eine signifikante Reduktion erkennbar war. Dennoch blieb die Sekretion signifikant größer als bei Wildtyp-Mäusen (Abbildung 6-38 A bis C). Die Sekretion von IL-9 in den Überständen von Lungen $CD4^+$-T-Lymphozyten wurde ebenfalls untersucht. In allein mit OVA behandelten Mäusen zeigten Tyk2-defiziente Mäuse eine signifikant höhere IL-9-Konzentration als Wildtyp-Mäuse. Durch die Gabe von IL-17A wurde in Wildtyp-Mäusen eine signifikante Erhöhung der IL-9-Konzentration herbeigeführt. Bei Tyk2-defizienten Mäusen führte die Behandlung mit IL-17A zu einer Reduktion der IL-9-Produktion, insgesamt fand sich aber signifikant mehr IL-9 in den Proben dieser Mäuse im Vereich zu Wildtyp-Mäusen (Abbildung 6-38 D).

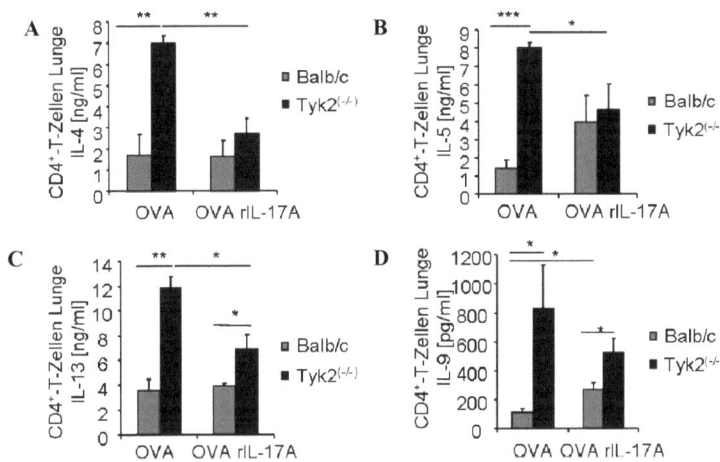

*Abbildung 6-38 Die Behandlung mit IL-17A reduziert die Produktion von Th2- und Th9-Zytokinen. CD4⁺-T-Lymphozyten wurden aus der Lunge isoliert und für 24 Stunden mit Antikörpern gegen CD3 und CD28 inkubiert. Anschließend wurden die Überstände im ELISA auf die Konzentration an Zytokinen untersucht. Es wurden die Th2-sepzifischen Zytokine IL-4 (A), IL-5 (B) sowie IL-13 (C) und IL-9 (D) gemessen. (A: n=3-4; p=0,004; p=0,003; B: n=3-4; p=0,0002; p=0,040; C: n=3-4; p=0,002; p=0,018; p=0,017; D: n=3-4; p=0,037; p=0,015; p=0,024)*

Nach der Gabe von rekombinantem IL-17A wurde die Expression von SOCS3 mittels qPCR gemessen. Es zeigte sich, dass, wie in Abschnitt 6.3.3 beschrieben, die alleinige OVA-Behandlung eine stärkere SOCS3-Induktion in Tyk2-defizienten Mäusen im Vergleich zu Wildtyp-Mäusen bewirkte. Die zusätzliche Gabe von rekombinantem IL-17A führte zu einer Induktion von SOCS3 in Wildtyp-Mäusen, während es bei Tyk2-defizienten Mäuse zu keiner Veränderung der Expression kam. Bei dieser Gruppe zeigte sich also eine höhere SOCS3-Expression in Wildtyp-Mäusen (Abbildung 6-39).

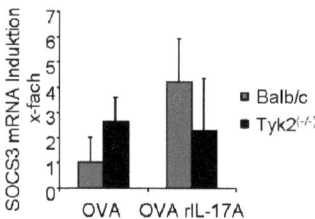

*Abbildung 6-39 Die Expression von SOCS3 wird durch rekombinantes IL-17A induziert. Aus der Lunge wurde RNA extrahiert, diese in cDNA umgeschrieben und mittels qPCR auf die Expression von SOCS3 hin untersucht. Die Normalisierung erfolgte mit HPRT, die Auswertung mittels der $\Delta\Delta C_t$-Methode. (n=3-4)*

### 6.3.7 Die Gabe von IL-17A führt zu einem Rückgang regulatorischer T-Lymphozyten

Th17-Zellen und $T_{reg}$ regulieren sich gegenseitig. So wirkt der für $T_{reg}$ charakteristische Transkriptionsfaktor Foxp3 inhibitorisch auf die Differenzierung von Th17-Zellen, während der Th17-spezifische Transkriptionsfaktor RORγt wiederum Foxp3 hemmt. Daher wurde bei mit OVA und rekombinantem IL-17A behandelten Mäusen der Anteil regulatorischer T-Lymphozyten in der Lunge mittels Durchflusszytometrie bestimmt.

Es konnte gezeigt werden, dass nach der OVA-Behandlung alleine kein Unterschied im Anteil der $CD4^+CD25^{hi}Foxp3^+$-T-Lymphozyten bei den beiden Genotypen zu erkennen war. Die zusätzliche Gabe von IL-17A führte bei Wildtyp-Mäusen nicht zu einer Veränderung des Anteils der $T_{reg}$, während bei Tyk2-defizienten Mäusen eine signifikante Reduktion auftrat. Daher waren bei Tyk2-Defizienz nach der zusätzlichen IL-17A-Administration signifikant weniger $T_{reg}$ als beim Wildtyp nachzuweisen (Abbildung 6-40).

# ERGEBNISSE

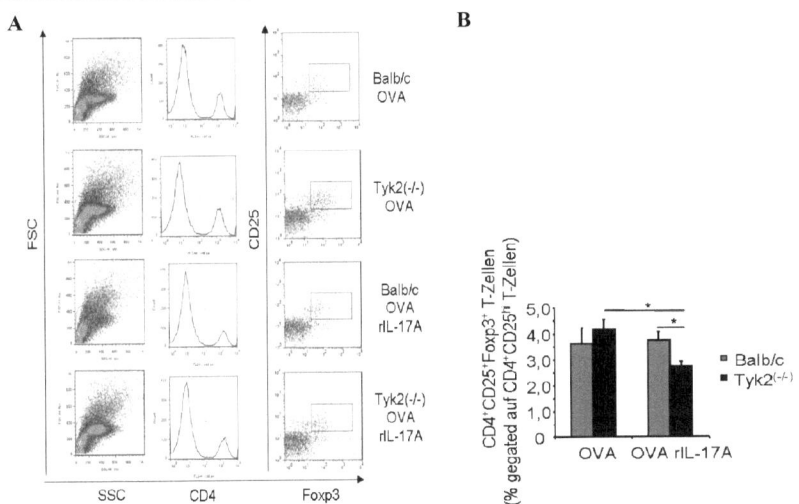

***Abbildung 6-40 IL-17A reduziert die Anzahl regulatorischer T-Lymphozyten.*** *Gesamtzellen aus der Lunge wurden mit Antikörpern gegen CD4, CD25 und Foxp3 inkubiert und durchflusszytometrisch untersucht. Dazu wurde zunächst auf Lymphozyten, danach auf $CD4^+$-T-Lymphozyten gegated, diese wurden dann hinsichtlich ihrer Expression von CD25 und Foxp3 analysiert. Die representativen Dot Plots sind in A gezeigt. In B ist die Quantifizierung. Durch IL-17A kommt es zu einer Reduktion der $T_{reg}$ bei Tyk2-defizienten Mäusen, die damit signifikant weniger $T_{reg}$ aufwiesen als der Wildtyp. (n=3-4; p=0,017; p=0,010)*

## 6.3.8 IL-1β kann IL-17A-Produktion in Tyk2-defizienten Mäusen induzieren

Da auch das Zytokin IL-1β in der Induktion der Differenzierung zu Th17-Zellen eine wichtige Rolle spielt, wurden Th17-Skewing-Experimente durchgeführt, bei denen zusätzlich zu den in Abschnitt 6.3.1 angegebenen Bedingungen auch rekombinantes IL-1β zu allen genannten Konditionen gegeben wurde. Es konnte gezeigt werden, dass die Gabe dieses Zytokins die Produktion von IL-17A in Tyk2-defizienten Mäusen induziert und somit den in Abschnitt 6.3.1 festgestellten Defekt umkehrt (Abbildung 6-41).

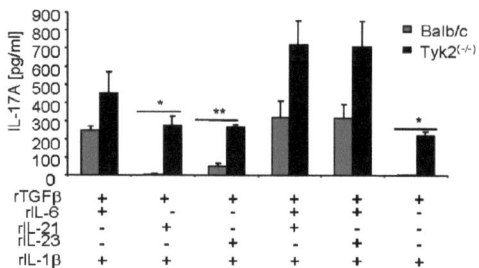

*Abbildung 6-41 IL-1β induziert die IL-17A-Produktion. Naive $CD4^+CD62L^+$-T-Lymphozyten wurden mit Antikörpern gegen CD3, CD28, IL-4 und IFNγ sowie den jeweiligen Zytokinen (TGFβ, IL-6, IL-21, IL-23, IL-1β) für fünf Tage inkubiert. Dabei war die Produktion des Zytokins IL-17A in Tyk2-defizenten T-Zellen gegenüber dem Wildtyp deutlich erhöht. (n=2; p=0,015; p=0,004; p=0,004)*

### 6.3.9 Rekombinantes IL-1β erhöht die Atemwegshyperreagibilität

Da, wie in Abschnitt 6.3.8 gezeigt, IL-1β die Differenzierung von Th17-Zellen und somit die Produktion des Zytokins IL-17A fördert, wurde untersucht, wie IL-1β die Ausprägung der AHR in einem Asthma-Modell beeinflusst. Dazu wurde bereits mit OVA sensibilisierten Mäusen an Tag 14 des Protokolls IL-1β i.n. verabreicht. Die Allergenkonfrontation erfolgte danach an den Tagen 18 bis 20.

Es zeigte sich ein Anstieg der AHR nach der Behandlung der beiden Genotypen mit IL-1β. Bei der höchsten verabreichten Dosis MCh (50 mg/ml) konnte die höchste im Versuch gemessene AHR bei Tyk2-defizienten Mäusen festgestellt werden, sie war im Vergleich zu den nur mit OVA behandelten Mäusen deutlich erhöht. Bei Wildtyp-Mäusen lies sich hingegen keine ähnlich starke AHR-induzierende Wirkung feststellen (Abbildung 6-42).

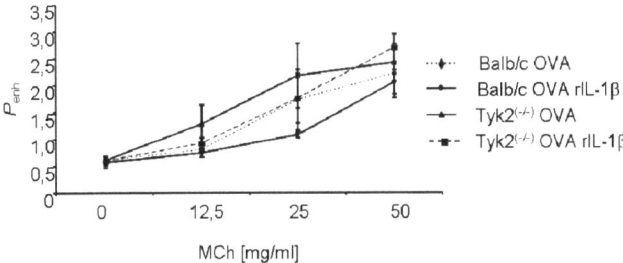

*Abbildung 6-42 IL-1β induziert die Atemwegshyperreagibilität. Mäuse wurden mit OVA sensibilisiert und an Tag 14 mit IL-1β (i.n.) behandelt. An Tag 20 wurde die AHR mittels nicht-invasiver Ganzkörperplethysmographie gemessen. Tyk2-Defizienz führte bei der höchsten untersuchten MCh-Konzentration zu einer erhöhten AHR nach IL-1β-Behandlung im Vergleich zum Wildtyp. (n=3)*

Durch die Behandlung mit IL-1β kam es bei beiden Mausstämmen zu einer Zunahme der eosinophilen Granulozyten in der BAL, die jedoch nicht signifikant war. Nach dieser zusätzlichen Behandlung wiesen daher Tyk2-defiziente Mäuse weiterhin mehr eosinophile Granulozyten als Wildtyp-Mäuse auf. Bei neutrophilen Granulozyten konnte bei beiden Mausstämmen durch die IL-1β-Behandlung ein Anstieg beobachtet werden. Dieser war bei Tyk2-defizienten Mäusen stärker als bei Wildtyp-Mäusen. Da insgesamt jedoch nur prozentuale Anteile von unter 0,5 % gemessen werden konnten, ist die Aussagekraft dieser Feststellung begrenzt (Abbildung 6-43).

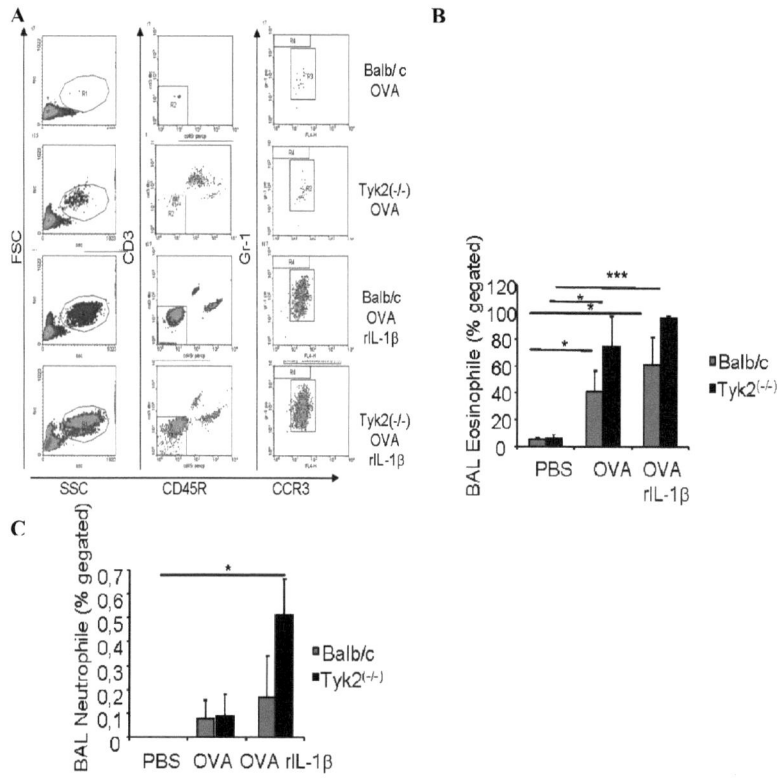

*Abbildung 6-43 IL-1β hat nur einen geringen Effekt auf den Anteil der eosinophilen Granulozyten. Nach der Lavage wurden die so gewonnenen Zellen pelletiert und mit Antikörpern gegen CD3, CD45R, Gr-1 sowie CCR3 inkubiert. Danach wurden die Zellen im Durchflusszytometer untersucht. Dabei werden die Zellen zuerst als $CD3^-CD45R^-$ charakterisiert und dann die $Gr-1^+CCR^+$-Zellen als eosinophile Granulozyten ausgewertet (unteres Gate), im oberen Gate ($Gr-1^+CCR3^-$) befinden sich die neutrophilen Granulozyten (A). In B ist die Quantifizierung der gezeigt Eosinophilen, in C die der Neutrophilen. (B: n=3; p=0,038; p=0,014; p=0,016; p=0,000006; C: n=3; p=0,012)*

Als weiterer wichtiger Parameter bei der Beurteilung der Schwere des allergischen Asthmas ist die Ausbildung der Entzündung der Atemwege. Dazu wurden Gewebeschnitte der Lunge mit HE gefärbt und histologisch begutachtet. Bei den nur mit OVA-behandelten Mäusen zeigten sich geringe Unterschiede im Grad der Entzündung, hier war die in Tyk2-defizienten Mäusen beobachtete Schwere der Inflammation etwas größer als die der Wildtyp-Mäuse. Die zusätzliche Behandlung der Mäuse mit IL-1β führte bei Wildtyp-Mäusen zu einer schwachen Zunahme der Entzündung. Bei Tyk2-defizienten Mäusen kam es hingegen zu einem signifikanten Anstieg des Grades der Inflammation (Abbildung 6-44).

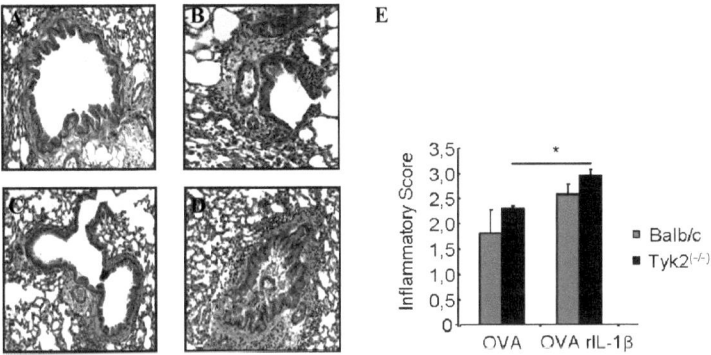

*Abbildung 6-44 IL-1β induziert die Entstehung der bronchialen Inflammation. Lungenschnitte wurden mit HE gefärbt und anschließend histologisch begutachtet. A: Balb/c PBS, B: Tyk2$^{(-/-)}$ PBS, C: Balb/c OVA, D: Tyk2$^{(-/-)}$ OVA, E: Quantifizierung nach Lehr. Die mikroskopischen Aufnahmen stellen eine 200x-Vergrößerung dar. Nach OVA-Behandlung zeigten sich nun geringe Unterschiede zwischen den Genotypen, nach der zusätzlichen IL-1β-Behandlung kam es nur bei Tyk2-Defizienz z einer signifikanten Zunahme der Inflammation. (n=3; p=0,021)*

An Tag 21 des Protokolls wurde den Mäusen Blut aus dem Herzen entnommen und im Serum die Konzentration an IgE mittels ELISA bestimmt. Durch die Behandlung mit IL-1β kam es bei Wildtyp-Mäusen zu einer signifikanten Zunahme des IgE, während bei Tyk2-defizienten Mäusen kein solcher großer Anstieg beobachtet werden konnte. Nach der Behandlung mit IL-1β trat kein Unterschied in der IgE-Konzentration bei beiden Genotypen auf (Abbildung 6-45).

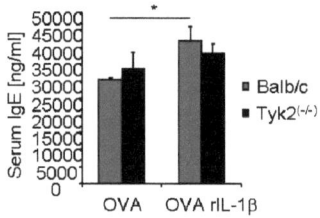

*Abbildung 6-45 Die IgE-Konzentration nimmt durch die Gabe von IL-1β zu. Aus Serum wurde durch ELISA die Konzentration von IgE bestimmt. Bei Wildtyp-Mäusen kam es zu einer signifikanten Zunahme des IgE, während bei Tyk2-Defizienz keine Änderung der IgEKonzentration auftrat. (n=3; p=0,027)*

Nun wurde die Produktion von Th2-Zytokinen nach der Gabe von IL-1β untersucht. Dazu wurden Gesamtzellen der Lunge 24 Stunden mit anti-CD3 und anti-CD28 inkubiert. Die Überstände wurden dann im ELISA auf die Konzentration von IL-4 hin analysiert. Bei Wildtyp-Mäusen führte die IL-1β-Behandlung zu einer signifikanten Reduzierung der IL-4-Konzentration, während sie auf die der Tyk2-defizienten Mäuse keine Auswirkung hatte. Daher wurde von Tyk2-defizienten Mäusen bei beiden untersuchten Bedingungen deutlich mehr IL-4 sezerniert (Abbildung 6-46).

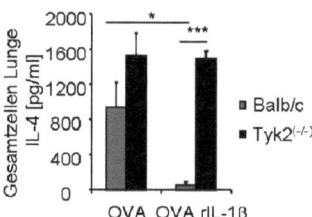

*Abbildung 6-46 IL-1β hat keinen Einfluss auf die IL-4-Produktion Tyk2-defizienter Mäuse. Gesamtzellen wurden aus der Lunge isoliert und 24 Stunden mit α-CD3 und α-CD28 inkubiert. In den Überständen wurde mittels ELISA die Konzentration von IL-4 gemessen. Beim Wildtyp führte die Gabe von IL-1β zu einer signifikanten Reduktion, bei Tyk2-Defizienz hatte sie hingegen keine Auswirkungen auf die IL-4-Produktion. (n=3; p=0,018; p=0,00004)*

### 6.3.10 IL-1β induziert die Produktion von IL-17A

Es sollte überprüft werden, inwieweit IL-1β *in vivo* in einem Asthma-Modell die IL-17A-Produktion induziert. Dazu wurden aus der Lunge Gesamtzellen isoliert, diese 24 Stunden mit Antikörpern gegen CD3 und CD28 inkubiert und der Überstand mit ELISA untersucht. Es zeigte sich bei Wildtyp-Mäusen eine signifikante Zunahme der

IL-17A-Produktion nach IL-1β-Gabe im Vergleich zur alleinigen OVA-Behandlung. Bei Tyk2-defizienten Mäusen konnte ein solch deutlicher Anstieg hingegen nicht beobachtet werden. Diese Mäuse produzieren unter beiden analysierten Konditionen deutlich weniger IL-17A als Wildtyp-Mäuse (Abbildung 6-47).

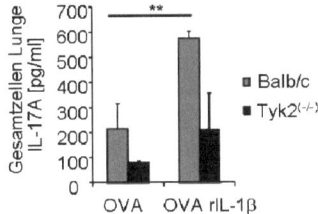

*Abbildung 6-47 IL-1β induziert die Produktion von IL-17A. Gesamtzellen wurden aus der Lunge isoliert und 24 Stunden mit α-CD3 und α-CD28 inkubiert. In den Überständen wurde mittels ELISA die Konzentration von IL-17A gemessen. Bei Wildtyp-Mäusen führte die Gabe von IL-1β zu einer signifikanten Zunahme der IL-17A-Produktion, bei Tyk2-defizienten Mäusen konnte dies nicht beobachtet werden. (n=3; p=0,037)*

Da IL-1β eine wichtige Rolle bei der Induktion der Produktion von IL-17A spielt, wurde getestet, ob es durch diese Behandlung auch zu einem Anstieg der Expression des IL-17-Rezeptors kommt. Dazu wurden Gesamtzellen der Lunge mit Antikörpern gegen CD4 und IL-17R inkubiert und anschließend im Durchflusszytometer analysiert. Es zeigte sich, dass IL-1β die Expression des IL-17R auf $CD4^+$-T-Lymphozyten unterschiedlich beeinflusst. Während es bei Wildtyp-Mäusen zu einem signifikanten Rückgang kam, exprimierten $CD4^+$-T-Lymphozyten Tyk2-defizienter Mäuse deutlich mehr IL-17R nach der IL-1β-Gabe. Daher fanden sich bei diesen Mäusen dann signifikant mehr $CD4^+IL-17R^+$-T-Lymphozyten als beim Wildtyp (Abbildung 6-48).

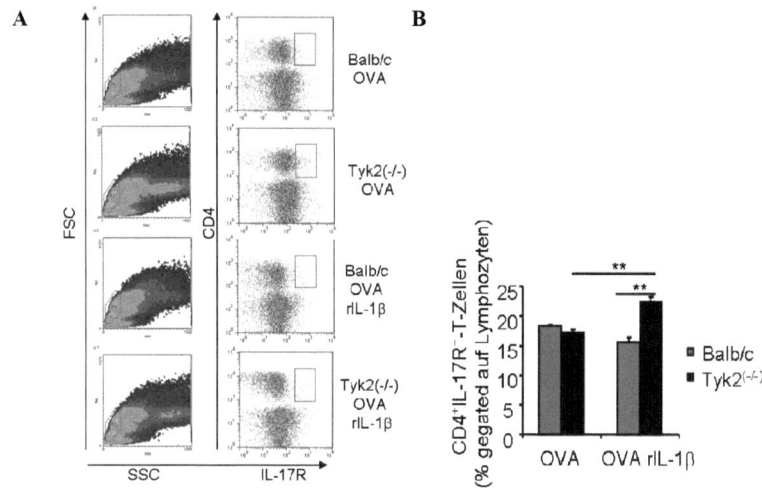

**Abbildung 6-48 IL-1β erhöht die Expression des IL-17R auf CD4⁺-T-Lymphozyten.** *Aus der Lunge wurden Gesamtzellen gewonnen, diese mit anti-CD4- und anti-IL-17R-Antikörpern inkubiert und im Durchflusszytometer analysiert. Dazu wurden die Gesamtzellen auf Lymphozyten gegated und dann die CD4⁺IL-17R⁺-T-Lymphozyten ausgewertet (A). In B ist die Quantifizierung gezeigt. Die Behandlung mit IL-1β führte bei beiden Genotypen zu einem signifikanten Anstieg der CD4⁺IL-17R⁺-T-Lymphozyten. Dabei wiesen Tyk2-defiziente Mäuse unter diesen Bedingungen einen höheren Anteil dieser Zellen auf als der Wildtyp. (n=3; p=0,013; p=0,004; p=0,002)*

Die Zytokine IL-6, TGFβ und IL-21 sind für die Induktion der Th17-Differenzierung wichtig. In den Überständen von Gesamtzellen wurde die Produktion dieser Zytokine nach der Behandlung mit IL-1β gemessen. Bei IL-6 zeigte sich nach zusätzlicher IL-1β-Behandlung eine Reduktion der Produktion in Wildtyp-Mäusen, während bei Tyk2-defizienten Mäusen kein Unterschied zur nur mit OVA behandelten Gruppe zu beobachten war. Dadurch war nach IL-1β-Gabe signifikant mehr IL-6 bei Tyk2-defizienten Mäusen vorhanden (Abbildung 6-49 A). Das Zytokin TGFβ wurde in OVA-behandelten Mäusen bei beiden Genotypen in ähnlichen Mengen produziert. Nach der zusätzlichen IL-1β-Gabe sank die TGFβ-Produktion in Wildtyp-Mäusen, während sie in Tyk2-defizienten Mäusen anstieg. Daher war bei dieser Kondition in diesem Mausstamm signifikant mehr TGFβ vorhanden (Abbildung 6-49 B). IL-21 wurde nach OVA-Gabe in beiden Genotypen ähnlich stark produziert. Nach der zusätzlichen IL-1β-Behandlung kam es bei Tyk2-defizienten Mäusen zu keiner Veränderung in der Produktion, während bei Wildtyp-Mäusen keine IL-21-Sekretion mehr feststellbar war (Abbildung 6-49 C).

# ERGEBNISSE

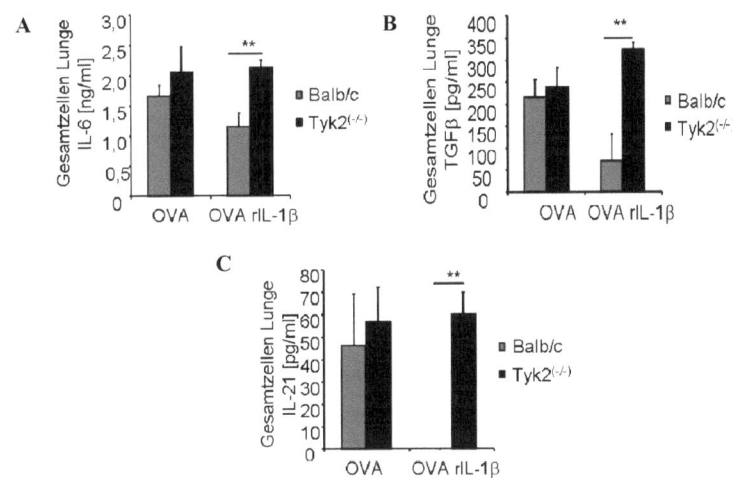

*Abbildung 6-49 IL-1β induziert Zytokine, die die Th17-Entwicklung fördern. Gesamtzellen wurden aus der Lunge isoliert und 24 Stunden mit α-CD3 und α-CD28 inkubiert. In den Überständen wurde mittels ELISA die Konzentration von IL-6, TGFβ und IL-21 gemessen. Bei Tyk2-defizienten Mäusen führte die Gabe von IL-1β zu einer Zunahme der Produktion dieser Zytokine, bei Wildtyp-Mäusen kam es zu einer Reduktion. (A: n=3; p=0,002; B: n=3; p=0,008; C: n=3; p=0,002)*

IL-1β induziert die Transkriptionsfaktoren NFκB sowie AP-1 (147). Die Expression dieser beiden Faktoren wurde mittels qPCR aus Gesamtzellen der Lunge untersucht. Dabei zeigte sich, dass NFκB in naiven und OVA-behandelten Wildtyp-Mäusen gleich stark exprimiert wird. Durch die zusätzliche Gabe von IL-1β stieg die Expression jedoch stark an. In Tyk2-defizienten Mäusen war lediglich bei der mit OVA-behandelten Gruppe eine NFκB-Expression detektierbar, diese war dabei auch stärker als bei Wildtyp-Mäusen (Abbildung 6-50 A). JunB gehört zur AP-1-Familie der Transkriptionsfaktoren. Die Expression war in naiven und mit OVA-behandelten Wildtyp-Mäusen unverändert, durch die zusätzliche IL-1β-Gabe kam es zu einer Induktion der Expression. Bei Tyk2-defizienten unbehandelten Mäusen war die höchste JunB-Expression zu messen, nach der OVA-Gabe reduzierte sich diese jedoch stark, und nach der zusätzlichen IL-1β-Behandlung war die Expression nicht detektierbar (Abbildung 6-50 B). SOCS3 ist ein Inhibitor der IL-17A-Produktion, daher wurde durch qPCR untersucht, inwiefern eine Behandlung mit IL-1β die Expression von SOCS3 beeinflusst. Bei naiven Mäusen zeigte sich kein Unterschied in der SOCS3-Expression zwischen den beiden Genotypen. Durch die

Behandlung mit OVA kam es bei beiden Mausstämmen zu einer Reduktion der Expression, die jedoch bei Wildtyp-Mäusen wesentlich stärker ausfiel als bei Tyk2-defizienten Mäusen. Die zusätzliche Gabe von IL-1β führte bei Wildtyp-Mäusen zu einem starken Anstieg der SOCS3-mRNA-Expression während es bei Tyk2-Defizienz zu einer Reduktion in der Expression kam (Abbildung 6-50 C).

Die beiden Transkriptionsfaktoren STAT3 und STAT5 spielen ebenfalls eine wichtige Rolle in der Differenzierung von Th17-Lymhozyten. Bei Analyse der STAT3-Expression konnte bei unbehandelten Mäusen kein Unterschied zwischen den beiden Mausstämmen festgestellt werden, nach der OVA-Behandlung war sie bei beiden reduziert, die Tyk2-defizienten Mäuse wiesen aber eine im Vergleich zu Wildtyp-Mäusen erhöhte Expression auf. Nach der zusätzlichen Behandlung mit IL-1β war bei beiden Genotypen keine STAT3-Expression mehr zu detektieren (Abbildung 6-50 D). Die STAT5-mRNA-Expression war in unbehandelten Mäusen beider Genotypen vergleichbar, durch die Behandlung mit OVA kam es zu einer Induktion, die allerdings bei Tyk2-deifizenten Mäusen stärker ausfiel. Durch die zusätzliche IL-1β-Gabe kam es bei Wildtyp-Mäusen zu einem Anstieg der Expression, bei Tyk2-defizienten Mäusen zu einer starken Reduktion (Abbildung 6-50 E).

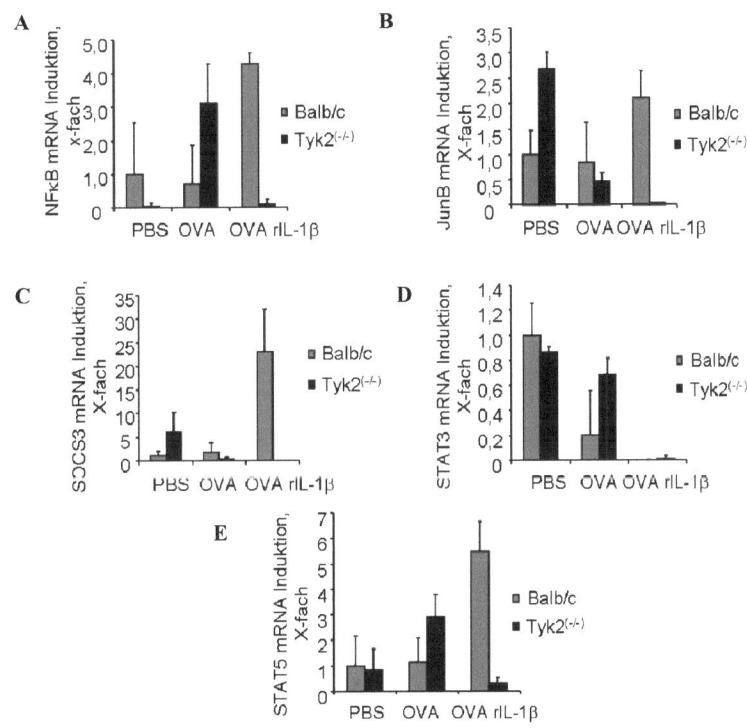

***Abbildung 6-50 IL-1β führt zu einer reduzierten Expression verschiedener Transkriptionsfaktoren.*** *RNA aus Gesamtzellen der Lunge wurde mittels qPCR auf die Expression von NFκB (A), JunB (B), SOCS3 (C), STAT3 (D) und STAT5 (E) hin untersucht. Die Normalisierung erfolgte mit HPRT, die Auswertung mittels der ΔΔC$_t$-Methode. (n=3)*

# 7 DISKUSSION

Allergisches Asthma ist eine Erkrankung, die eine stetig zunehmende Prävalenz zeigt. Dabei sind die molekularen Details der Pathogenese noch immer nicht vollständig bekannt. Aus diesem Grund ist die Therapie bei allergischem Asthma nur symptomatisch, eine Bekämpfung der Ursachen fehlt. Die Beschäftigung mit der Pathogenese des allergischen Asthmas ist daher ein bedeutendes Thema der aktuellen Forschung. Dabei steht in der Regel die Interaktion verschiedener Zelltypen des Immunsystems und der von ihnen sezernierten Mediatoren im Vordergrund.

Die vorliegende Arbeit befasst sich mit der Rolle der Tyrosinkinase 2 (Tyk2) aus der Familie der Januskinasen bei der Pathogenese des Asthma bronchiale. Dazu wurden Tyk2-defiziente Mäuse in einem Modell allergischen Asthmas untersucht, das in Mäusen vergleichbare Symptome hervorruft, wie sie auch in Menschen zu beobachten sind. Das dabei verwendete Protokoll basiert auf Erfahrungen der Arbeitsgruppe und ist gut etabliert (58, 94, 148-150). Zu den durch die Anwendung des Protokolls in den Mäusen hervorgerufenen Symptomen zählen vor allem die Ausbildung einer Atemwegshyperreagibilität (AHR), die Infiltration der Lunge mit inflammatorischen Zellen sowie die verstärkte Entwicklung von Th2-Lymphozyten (Abschnitt 3.3). In dieser Arbeit soll daher untersucht werden, inwiefern Tyk2-defiziente Mäuse sich hinsichtlich der Ausprägung der Asthma-Symptomatik von Wildtyp-Mäusen unterscheiden. Ein weiterer Schwerpunkt der Arbeit liegt auf der Analyse zweier weiterer Subpopulationen von T-Lymphozyten, den regulatorischen T-Lymphozyten ($T_{reg}$) sowie den Th17-Zellen in einem murinen Modell allergischen Asthmas. Auch hier steht der Vergleich Tyk2-defizienter Mäuse mit Wildtyp-Mäusen im Vordergrund.

Tyk2 ist bei der Signaltransduktion einer Reihe von Zytokinen beteiligt (Abschnitt 3.1.1), wo die Kinase an eine Kette des jeweiligen Rezeptors gebunden ist. Tyk2 ist allerdings nie alleine für die Signaltransduktion eines Zytokins zuständig, da stets Kombinationen mit anderen Januskinasen vorliegen. Aus diesem Grund ist der Effekt der Deletion von Tyk2 auf die jeweilige Signaltransduktion nicht immer eindeutig feststellbar, da zudem Hinweise vorliegen, dass die jeweils andere Januskinase im Rezeptorkomplex zu gewissen Teilen das Fehlen von Tyk2 kompensieren kann. Dies bedeutet, dass die Funktion von Tyk2 *in vivo* oftmals redundant ist. Damit hat Tyk2 eine Sonderstellung unter den Januskinasen, da die

Redundanz bei den anderen Januskinasen nicht so stark auftritt. Ein Hinweis darauf ist auch die Tatsache, dass JAK1-defizente Mäuse während der Perinatalphase sterben, JAK2-defiziente Mäuse sogar bereits während der Embryonalentwicklung. JAK3-defiziente Mäuse sind hingegen lebensfähig, leiden aber unter „severe combined immunodeficiency" (SCID), für Tyk2-defiziente Mäuse sind solche schwerwiegenden Immundefekte hingegen unbekannt (4).

## 7.1 Tyk2 ist protektiv für die Pathogenese des Asthma bronchiale

Im Jahr 2003 veröffentlichten Seto et al. eine Studie, die die Rolle von Tyk2-defizienten Mäusen in einem murinen Modell allergischen Asthmas beschrieb. Dabei stellten sie fest, dass Tyk2-defiziente Mäuse auf einem genetischen Balb/c-Hintergrund nach einer Behandlung mit dem Allergen Ovalbumin (OVA) einen deutlich schwereren allergischen Phänotyp zeigen als Balb/c-Mäuse. (141). In der vorliegenden Arbeit wurde ebenfalls mit Tyk2-defizienten Mäusen auf Balb/c-Hintergrund gearbeitet und deren Reaktion mit Balb/c-Mäusen verglichen. Da diese Mäuse von einer anderen Arbeitsgruppe generiert wurden und daher ein anderer Bereich des Tyk2-Genes deletiert wurde (11, 12), sollte nun untersucht werden, ob diese Mäuse in einem Modell allergischen Asthmas ähnlich reagieren, wie die von Seto et al. verwendeten Mäuse.

### 7.1.1 Tyk2 hat keinen Einfluss auf die Ausprägung der Atemwegshyperreagibilität

Zuerst wurde die Atemwegshyperreagibilität (AHR) untersucht. Ähnlich wie bei Seto et al., konnte bei unbehandelten Mäusen kein Unterschied zwischen den Mausstämmen festgestellt werden. Ebenso war nach der OVA-Gabe eine gleich starke Reaktion Tyk2-defizienter und Wildtyp-Mäuse zu beobachten. Bei Seto et al. wurde insgesamt ein deutlich stärkerer asthmatischer Phänotyp der Tyk2-defizienten Mäuse nachgewiesen. Aus diesem Grund war eine im Vergleich zu Wildtyp-Mäusen erhöhte AHR der Tyk2-defizienten Mäuse erwartet worden. Seto et al. begründeten ihre Beobachtung der unveränderten AHR mit einer reduzierten Schädigung der Epithelien in der Lunge in Tyk2-defizienten Mäusen, die eine erhöhte Infiltration inflammatorischer Zellen in die Lunge ausgleichen soll (141). In der vorliegenden Arbeit konnte ebenfalls eine stärkere Inflammation der Bronchien sowie eine verringerte Mukusproduktion in Tyk2-defizienten Mäusen im Vergleich zu Wildtyp-Mäusen beobachtet werden (Abschnitt 7.1.2). Daher kann die von Seto et al. angeführte Erklärung der

AHR-Ergebnisse auch hier Verwendung finden. Die AHR wird vor allem vom Zytokin IL-13 induziert (31). Es konnte in dieser Arbeit gezeigt werden, dass dieses Zytokin in Tyk2-defizienten Mäusen nach Allergenbehandlung im Vergleich zum Wildtyp vermehrt gebildet wird. Da Tyk2 an der Signaltransduktion von IL-13 beteiligt ist (9, 151), kann aber davon ausgegangen werden, dass in Tyk2-defizienten Mäusen nur eine reduzierte AHR-auslösende Wirkung von IL-13 vorliegt. Trotz der erhöhten IL-13-Konzentration in Tyk2-defizienten Mäusen kann dieser Effekt daher nur unvollständig eintreten.

Minegishi et al. konnten bei einem Patienten mit Tyk2-Defizienz zeigen, dass dieser an atopischer Dermatitis litt, einer allergischen Erkrankung der Haut. Der Patient war jedoch nicht an allergischem Asthma erkrankt (14). In Tyk2-defizienten Mäusen konnte zwar eine im Vergleich zum Wildtyp höhere Produktion von Th2-Zytokinen und IgE sowie eine stärkere Inflammation der Atemwege festgestellt werden, bei der AHR wurde jedoch kein Unterschied gefunden. Daraus kann abgeleitet werden, dass Tyk2-Defizienz mit einem stärkeren allergischen Phänotyp einhergeht, nicht jedoch mit einem asthmatischen. So kann möglicherweise erklärt werden, warum der Patient nicht an Asthma bronchiale leidet.

### 7.1.2 Tyk2 inhibiert die Ausprägung der Asthma-Symptomatik

Es konnte in dieser Arbeit nachgewiesen werden, dass Tyk2-defiziente Mäuse bei allen weiteren untersuchten Parametern einer allergischen Erkrankung, d.h. Infiltration der Lunge mit inflammatorischen Zellen (eosinophile Granulozyten, neutrophile Granulozyten, Lymphozyten), Konzentration des IgE im Serum sowie die Produktion von Th2-Zytokinen in der Lunge meist deutlich höhere Werte als Wildtyp-Mäuse erreichten. Tyk2-defiziente Mäuse produzierten allerdings weniger Mukus als Wildtyp-Mäuse.

Die erhöhte Infiltration der OVA-behandelten Lungen Tyk2-defizienter Mäuse mit inflammatorischen Zellen kann vor allem durch die Wirkung der Zytokine IL-3 und IL-5 erklärt werden. Beide Zytokine sind wichtige Wachstumsfaktoren für eosinophile Granulozyten (152, 153).

Die Ligation von IL-4 und IL-13 mit ihren jeweiligen Rezeptoren auf B-Lymphozyten trägt zudem zum Klassenwechsel bei der Antikörperproduktion bei (154). Es kommt daraufhin zu einer vermehrten Synthese von Immunglobulinen. IgE, $IgG_1$ und $IgG_{2a}$ wurden in Tyk2-defizienten Mäusen vermehrt gebildet. B-Lymphozyten Tyk2-defizienter Mäuse sind daher zu einer übersteigerten Produktion von Immunglobulinen fähig, dies wurde bereits in der Studie von Seto et al. beschrieben (141). In Tyk2-defizienten Mäusen konnte für IL-4 und IL-13 in $CD4^+$-T-Lymphozyten der Lunge eine wesentlich stärkere Produktion als in Wildtyp-Mäusen festgestellt werden. Es kann somit in einer größeren Anzahl an B-Lymphozyten der Klassenwechsel induziert werden. Zudem ist die Entwicklung der Zellen in Tyk2-defizienten Mäusen erhöht, da der inhibitorische Effekt der Zytokine $IFN\alpha/\beta$ nicht eintreten kann (27, 28). Somit verfügen Tyk2-defiziente Mäuse über mehr B-Lymphozyten als Wildtyp-Mäuse. Dies ist eine Erklärung für die erhöhten Immunglobulinwerte im Serum.

Da IL-4 für die Differenzierung naiver T-Lymphozyten zu Th2-Zellen entscheidend ist (155), kommt es durch die erhöhte IL-4-Produktion in Tyk2-defizienten Mäusen zu einer Verstärkung der Differenzierungsprozesse und somit zu einer erhöhten Anzahl von Th2-Lymphozyten in der Lunge.

Eine weitere wichtige Funktion von IL-13 ist die Regulation der Mukus-Produktion der Becherzellen der Lunge (156). Aus den bereits oben angeführten Gründen (Abschnitt 7.1.1) ist diese Mukus-Produktion in Tyk2-defizienten Mäusen reduziert. Dies ist somit der einzige Prozess der Pathogenese des Asthma bronchiale an dem Tyk2 nicht protektiv beteiligt ist. Tyk2 spielt daher eine wichtige Rolle bei der Ausprägung der Mukus-Produktion in der Lunge.

Bei Th1-Lymphozyten zeigte sich, dass das charakteristische Zytokin $IFN\gamma$ in naiven Mäusen beider Genotypen im gleichen Ausmaß gebildet wird. Bei $CD4^+$-T-Lymphozyten kam es durch die Allergenbehandlung zu einer erhöhten $IFN\gamma$-Produktion in beiden Mausstämmen, während bei der BALF eine Reduktion stattfand. Die Tyk2-defizienten Mäuse sezernierten jedoch immer geringere Mengen dieses Zytokins als Wildtyp-Mäuse. Da IL-12 für die Induktion von $IFN\gamma$ entscheidend ist, kommt es in Tyk2-defizienten Mäusen zu einer verminderten $IFN\gamma$-Sekretion, da der IL-12-Rezeptor (IL-12Rβ2) mit Tyk2 assoziiert ist und somit eine reduzierte IL-12-Signaltransduktion die Folge ist (4). Da in der BALF Zytokine enthalten sind, die von allen Zellen der oberen Atemwege produziert wurden, wird der Effekt der $CD4^+$-T-Lymphozyten gewissermaßen reduziert oder auch verdünnt. Diese Beobachtung kann aber möglicherweise auch die kontroverse Rolle von $IFN\gamma$ in dieser Erkrankung erklären. Im klassischen Modell werden Th1-Lymphozyten als supprimierend für eine Th2-Antwort beschrieben, da $IFN\gamma$ die Differenzierung dieser Subpopulation hemmt (157). Daher wird dieses Zytokin im Allgemeinen als protektiv für die Entwicklung Th2-assoziierter Erkrankungen angesehen (55, 157). Es gibt aber auch Hinweise, dass $IFN\gamma$ an der Ausbildung der AHR, der Inflammation und einer Lungenfibrose beteiligt ist (60, 158, 159). Th1-Lymphozyten scheinen eine größere Rolle bei der Pathogenese des intrinsischen Asthmas zu spielen. Unter bestimmten Umständen sind die Zellen sogar dazu in der Lage, typische Th2-assoziierte Zytokine wie IL-9 und IL-13 zu produzieren (160).

Die Expression des Transkriptionsfaktors Tbet ist charakteristisch für Th1-Lymphozyten (161). Es konnte kein Unterschied in der Expression zwischen Tyk2-defizienten Mäusen und Wildtyp-Mäusen festgestellt werden. Dies lässt zum einen darauf schließen, dass die Unterschiede in der IFNγ-Produktion auf einem veränderten IL-12-Signalweg beruhen. Da, wie oben erwähnt, IL-12 über die Aktivierung von Tyk2 und STAT4 zur IFNγ-Produktion führt, scheint dieser Signalweg wichtiger zu sein als der Effekt von Tbet. Zum anderen kann beobachtet werden, dass Tbet in Allergen-behandelten Mäusen schwächer exprimiert ist als in naiven Mäusen. Es ist bekannt, dass eine niedrige bzw. fehlende Tbet-Expression mit einer Verstärkung des Asthma-Phänotyps einhergeht (58).

### 7.1.3 Verminderte Mastzellrekrutierung in die Lunge ist Tyk2-abhängig

Das Zytokin IL-3 ist neben Stammzellfaktor (SCF) für die Differenzierung und Entwicklung von murinen Mastzellen essentiell. Mastzellen sind durch die Expression der entsprechenden Rezeptoren auch in der Lage, auf die Zytokine IL-4, IL-5 und IL-9 zu reagieren und zu proliferieren (162).

Die beiden Zytokine IL-3 und IL-9 wurden von naiven Mäusen kaum produziert, die Behandlung mit dem Allergen führte sowohl bei Wildtyp- als auch bei Tyk2-defizienten Mäusen zu einer deutlichen Steigerung in der Produktion der beiden Zytokine. Dies ging einher mit einem gestiegenen Anteil an IL-3-responsiven Mastzellen in der Lunge. Diese sind charakterisiert durch die Expression des IL-3-Rezeptors (CD123). Tyk2-defiziente Mäuse weisen zudem eine stärkere Sekretion der beiden Zytokine auf als der Wildtyp, was sich ebenfalls im erhöhten Mastzell-Anteil widerspiegelt.

PU.1 ist der charakteristische Transkriptionsfaktor der erst kürzlich beschriebenen Th9-Lymphozyten (46). Die Expression der PU.1-mRNA in der Lunge war nach Allergenbehandlung in Tyk2-defizienten Mäusen deutlich stärker als in Wildtyp-Mäusen, was eine Erklärung für die gesteigerte IL-9-Produktion dieses Mausstamms ist.

## 7.2 Tyk2 trägt zur Funktionalität von regulatorischen T-Lymphozyten bei

Regulatorische T-Lymphozyten ($T_{reg}$) sind entscheidend für den Grad der Ausprägung einer allergischen Erkrankung (163).

### 7.2.1 Tyk2 hat keinen Einfluss auf den Anteil der $T_{reg}$ in der Lunge

Tyk2-defiziente Mäuse wiesen einen mit dem Wildtyp vergleichbaren Anteil von $T_{reg}$ auf, was sich auch in der Expression des $T_{reg}$-spezifischen Transkriptionsfaktors Foxp3 widerspiegelt, wo ebenfalls kein Unterschied gemessen werden konnte. Daher kann ausgeschlossen werden, dass Tyk2-defiziente Mäuse aufgrund eines eventuell erhöhten $T_{reg}$-Anteils eine ebenso hohe AHR aufweisen wie Wildtyp-Mäuse. Dies stützt die Vermutung, dass der beobachtete Phänotyp aufgrund der mangelhaften Signaltransduktion von IL-13 sowie der Defizienz der IL-17A-Produktion auftritt. Es besteht zudem die Möglichkeit, dass $T_{reg}$ aus Tyk2-defizienten Mäusen eine geringere suppressive Kapazität aufweisen als $T_{reg}$ aus Wildtyp-Mäusen. Da in Tyk2-defizienten Mäusen eine erhöhte Anzahl von Mastzellen nachgewiesen werden konnte, erklärt dies möglicherweise die reduzierte suppressive Funktion der $T_{reg}$ in diesen Mäusen (124). Tyk2 ist somit an der Ausprägung der suppressiven Aktivität von $T_{reg}$ beteiligt.

Die Behandlung mit einem Allergen führte zu einer reduzierten Foxp3-Expression in der Lunge. Da unter diesen Bedingungen eine Steigerung der IFNγ-Sekretion beobachtet werden konnte, ist davon auszugehen, dass dies auch mit einer insgesamt reduzierten $T_{reg}$-Anzahl einhergeht (164). Zusätzlich kam es nach der Allergen-Gabe zu einem Anstieg von Effektor-T-Lymphozyten, wodurch der Anteil der Foxp3-exprimierenden $T_{reg}$ an den Gesamtzellen der Lunge insgesamt reduziert wurde. Es besteht zudem die Möglichkeit, dass es unter diesen Bedingungen zu einem Anstieg der Tr-1-T-Lymphozyten kommt. Diese Subpopulation der $T_{reg}$ wird durch den Transkriptionsfaktor c-Maf sowie die Zytokine IL-27 und IL-21 induziert. Sie ist durch die Sekretion von IL-10 charakterisiert, exprimiert jedoch nicht Foxp3 (165). Eine Verschiebung der $T_{reg}$-Populationen zugunsten der Tr-1-Lymphozyten würde die gesunkene Foxp3-Expression ebenfalls erklären.

### 7.2.2 Die Produktion von IL-10 ist antigen-abhängig

IL-10 ist ein Zytokin, das große Bedeutung durch seine immunmodulatorische Funktion erlangt hat. Es ist in der Lage, sowohl pro- als auch anti-inflammatorische Prozesse zu steuern

(166). Bei Betrachtung der IL-10-Produktion ist außerdem entscheidend, welche Zellpopulationen untersucht werden. Es konnte gezeigt werden, dass nach Allergenbehandlung in Tyk2-defizienten Mäusen sowohl bei Gesamtzellen als auch bei isolierten $CD4^+$-T-Lymphozyten eine höhere IL-10-Produktion zu beobachten war als in Wildtyp-Mäusen, während es sich in der BALF umgekehrt verhielt. Dies bedeutet, dass in der Lunge T-Lymphozyten nach Aktivierung die Hauptproduzenten von IL-10 sind. Die Differenz zur BALF lässt sich dadurch erklären, dass dort keine zusätzliche Stimulation durch anti-CD3 und anti-CD28 stattfand, wodurch keine bevorzugte Stimulation der T-Lymphozyten hervorgerufen wird. Es ist daher davon auszugehen, dass in der Lavage Alveolarmakrophagen die Hauptproduzenten von IL-10 sind. Es wurde bereits beschrieben, dass IL-10 in der BALF von Asthma-Patienten reduziert ist (126).

Vergleicht man die Sekretion von IL-10 mit und ohne Allergenbehandlung, so ist zu erkennen, dass in der BALF in beiden Mausstämmen eine Reduktion nach der OVA-Gabe stattfand, während in Gesamtzellen eine Steigerung zu beobachten war. Daraus lässt sich ableiten, dass durch die Allergenbehandlung der Anteil IL-10-produzierender Zellen in den oberen Atemwegen sinkt, während er in Gesamtzellen ansteigt. Da es durch die Allergenbehandlung im Allgemeinen zu einer Abnahme von Alveolarmakrophagen kommt (167), während hingegen vermehrt T-Lymphozyten auftreten, erklärt dies den beobachteten Phänotyp. Da auch neutrophile Granulozyten IL-10 sezernieren können (168), kann dies erklären, weshalb in Tyk2-defizienten Mäusen eine reduzierte IL-10-Produktion in der BALF gemessen wurde. Dieser Zelltyp ist in diesem Mausstamm im Vergleich zu Wildtyp-Mäusen in geringerer Zahl vorhanden.

IL-10 wird von verschiedenen Subpopulationen von T-Lymphozyten sezerniert. Anhand der durchgeführten Untersuchungen ist die genaue Zuordnung jedoch nicht sicher möglich. Da sowohl bei Th2-, Th9- als auch bei $T_{reg}$-Populationen eine Zunahme nach der Allergenbehandlung festgestellt werden konnte, können alle genannten Subpopulationen zum gemessenen IL-10-Anstieg beitragen. Da in Tyk2-defizienten Mäusen eine verstärkte asthmatische Symptomatik beobachtet werden konnte, ist davon auszugehen, dass nach Allergenbehandlung in diesem Mausstamm IL-10 vorwiegend von Th2- und Th9-Lymphozyten produziert wird. Eine verminderte IL-10-Sekretion von $T_{reg}$ würde zusätzlich die geringere suppressorische Funktion dieser Zellen erklären.

### 7.2.3 Tyk2 inhibiert die Anzahl GITR$^+$-T-Lymphozyten

Die Expression des „glucocorticoid induced TNF receptor" (GITR) auf der Oberfläche von $T_{reg}$ erhöht deren suppressive Aktivität. Gleichzeitig ist GITR in der Lage, Effektorzellen resistent gegen die Suppression der $T_{reg}$ zu machen. Dieser Effekt ist jedoch nur vorübergehend. Allerdings ist die Expression von GITR nicht exklusiv für $T_{reg}$, auch auf anderen T-Lymphozyten und auch auf B-Lymphozyten sowie Makrophagen findet sich dieser Rezeptor (89, 169).

Es wurde in dieser Arbeit untersucht, wie hoch der Anteil GITR$^+$-$T_{reg}$ ist. Es konnte zum einen gezeigt werden, dass der Anteil der CD4$^+$GITR$^+$-T-Lymphozyten in beiden Mausstämmen nach Allergenbehandlung anstieg und zum anderen dass er in Tyk2-defizienten Mäusen in dieser Untersuchungsgruppe höher war als in Wildtyp-Mäusen. Diese Zellpopulation beinhaltet allerdings nicht nur $T_{reg}$ sondern auch Effektorzellen, die GITR ebenfalls exprimieren. Bei der Untersuchung der CD4$^+$CD25$^{hi}$Foxp3$^+$GITR$^+$-$T_{reg}$ zeigte sich nach Allergenbehandlung auch ein erhöhter Anteil bei Tyk2-defizienten Mäusen.

Da in beiden Mausstämmen trotz Allergenbehandlung eine deutliche Asthma-Symptomatik feststellbar ist, kann dies zumindest teilweise mit dem gestiegenen Anteil der GITR$^+$-$T_{reg}$ erklärt werden. Diese sind nur unzureichend in der Lage, die Symptomatik zu kontrollieren. In Tyk2-defizienten Mäusen finden sich zudem mehr dieser GITR$^+$-$T_{reg}$ als in Wildtyp-Mäusen, dies kann für die insgesamt reduzierte suppressorische Kapazität der $T_{reg}$ und somit auch für die gesteigerte Asthma-Symptomatik in diesem Mausstamm verantwortlich sein.

Die Behandlung der beiden Mausstämme mit einem agonistischen Antikörper gegen GITR zusätzlich zur Allergengabe führte zu einer deutlichen Reduktion der suppressiven Funktion der $T_{reg}$ (88, 170). Beide Mausstämme zeigten nach der anti-GITR-Gabe einen reduzierten Anteil von $T_{reg}$ in der Lunge im Vergleich zur Kontrollgruppe. Zudem wiesen Tyk2-defiziente Mäuse weniger $T_{reg}$ auf als Wildtyp-Mäuse. Auch dies stützt die oben angeführte Hypothese, dass die $T_{reg}$ Tyk2-defizienter Mäuse leichter supprimierbar sind als die aus Wildtyp-Mäusen. Nach der Behandlung mit anti-GITR konnte zudem eine Induktion der IL-4-Produktion festgestellt werden, die in Tyk2-defizienten Mäusen stärker ausgeprägt war als in Wildtyp-Mäusen. Auch dies bestätigt, dass durch die Aktivierung von GITR eine verminderte suppressorische Funktion der $T_{reg}$ vorliegt. In mehreren Studien wurde ebenfalls eine Verschlechterung der asthmatischen Symptomatik nach der Behandlung mit anti-GITR beschrieben (89, 169). Bei Th17-Lymphozyten konnte durch die anti-GITR-Behandlung eine Reduktion in der Sekretion des Zytokins IL-17A bei beiden Mausstämmen festgestellt werden. Hier hat die Behandlung mit anti-GITR eine supprimierende Wirkung.

Zusammenfassend lässt sich sagen, dass Tyk2 eine wichtige Rolle bei der Ausbildung der suppressorischen Kapazität von $T_{reg}$ ausübt. So sind diese T-Lymphozyten ohne korrekt funktionierende Tyk2-vermittelte Signaltransduktion nicht ausreichend funktionsfähig und tragen so zur verschlimmerten Asthma-Symptomatik in Tyk2-defizienten Mäusen bei.

## 7.3 Tyk2 ist an der Differenzierung zu Th17-Lymphozyten beteiligt

Th17-Lymphozyten sind eine Zellpopulation die sowohl pro- als auch anti-inflammatorische Wirkung hat. Ihre Differenzierung wird durch die Zytokine IL-6, IL-21, IL-23, IL-1β sowie TGFβ induziert. Die Transkriptionsfaktoren RORγt, STAT3, IRF4 und BATF sind entscheidend für die Differenzierung, SOCS3 inhibiert den Prozess (171).

### 7.3.1 Tyk2 ist entscheidend an der Differenzierung naiver CD4$^+$-T-Lymphozyten zu Th17-Zellen *in vitro* beteiligt

Bei der Analyse der Differenzierung naiver T-Lymphozyten zeigte sich, dass Tyk2-defiziente Milzzellen wesentlich schlechter zu Th17-Lymphozyten differenzieren als Wildtyp-Zellen. Die Produktion des Leitzytokins IL-17A war deutlich erniedrigt. Bei IL-17F, einem weiteren von Th17-Lymphozyten gebildeten Zytokin war dies nur bei einzelnen Versuchskonditionen der Fall. Wurde nur IL-6 oder IL-6 mit IL-23 zu den differenzierenden Zellen gegeben, so zeigte sich kein Unterschied in der IL-17F-Produktion. IL-10 wurde hingegen von beiden Mausstämmen in vergleichbaren Mengen gebildet, bei alleiniger Gabe von IL-6 und von IL-6 mit IL-23 sezernierten Tyk2-defiziente Zellen mehr IL-10 als Wildtyp-Mäuse. Hier wurden Ansätze nicht mit IL-1β behandelt.

In Tyk2-defizienten Mäusen ist unabhängig von den eingesetzten Zytokinen eine verringerte IL-17A-Produktion zu beobachten. Da Tyk2 an der Signaltransduktion der Zytokine IL-6 und IL-23 beteiligt ist (6, 10), kann dies die verminderte Induktion der IL-17A-Produktion erklären. Es zeigt sich aber auch, dass die von IL-6 eingeleitete Signaltransduktionskaskade nicht komplett ohne Funktion ist, denn durch IL-6 wird eine normal hohe IL-17F-Produktion ausgelöst. Die Inkubation mit IL-6 führte sogar zu einer erhöhten IL-10-Sekretion. Die Rolle von Tyk2 an der Th17-Entwicklung ist daher differenziert zu betrachten. So spielt das Zytokinmilieu in der Lunge eine entscheidende Rolle bei der Differenzierung naiver T-Lymphozyten.

Analysiert man die Auswirkung der Tyk2-Defizienz auf die Th17-induzierenden Zytokine in Gesamtzellen der Lunge, so stellt man fest, dass die Zytokine IL-21 und IL-1β in naiven Mäusen weniger produziert werden als in Wildtyp-Mäusen. Bei IL-6 ist kein Unterschied zwischen den Genotypen vorhanden. TGFβ wird in Tyk2-defizienten Mäusen vermehrt produziert. IL-23 konnte nur in der BALF detektiert werden, wo es ebenfalls vermehrt vorhanden war. Dies lässt den Schluss zu, dass die Kombination der produzierten Zytokine insgesamt in Tyk2-defizienten Mäusen zu einer reduzierten Th17-Differenzierung führt.

Bei der Untersuchung der Zytokin-Produktion von Lungen-Gesamtzellen nach Allergenbehandlung der Mäuse zeigte sich eine reduzierte Sekretion von TGFβ, IL-6, IL-21 sowie IL-23 in der BALF. Nur bei IL-1β war kein Unterschied zwischen den Mausstämmen zu erkennen. Insgesamt liegen daher in allergen-sensibilisierten Tyk2-defizienten Mäusen geringere Mengen der Th17-induzierenden Zytokine vor. Betrachtet man hingegen die Zytokin-Produktion der isolierten $CD4^+$-T-Lymphozyten in allergenbehandelten Mäusen, so erkannte man keinen Unterschied bei der TGFβ-Produktion, jedoch einer vermehrte Sekretion von IL-6 und IL-21. Da die $CD4^+$-T-Lymphozyten als Teil der Gesamtzellen der Lunge zum Gesamtzytokinmilieu der Lunge beitragen, werden die Effekte von TGFβ, IL-6 und IL-21 „verdünnt", wenn die Gesamtzellen betrachtet werden.

Neben den genannten Zytokinen spielt auch IL-9 bei der Induktion von IL-17A eine Rolle (172). Bei diesem Zytokin konnte eine erhöhte Produktion in Tyk2-defizienten Mäusen im Vergleich zu Wildtyp-Mäusen gemessen werden. Dies trägt zur Steigerung der Sekretion im Asthma-Modell bei, ist aber nicht in der Lage, das IL-17A-Defizit auszugleichen.

### 7.3.2 *In vivo* induziert Tyk2 die Produktion von IL-17A in einem murinen Modell allergischen Asthmas

Die Th17-induzierenden Zytokine in allergenbehandelten Mäusen lagen bei Tyk2-Defizienz in geringeren Konzentrationen vor als in Wildtyp-Mäusen. Daher wurde die IL-17A-Produktion in der BALF und $CD4^+$-T-Lymphozyten in beiden Mausstämmen nach Allergenbehandlung untersucht. Dabei zeigte sich in der BALF insgesamt nur eine sehr geringe IL-17A-Sekretion, die nach Allergen-Gabe noch weiter zurückging. Bei $CD4^+$-T-Lymphozyten war das umgekehrte Bild zu erkennen, es kam zu einer deutlichen

Zunahme der IL-17A-Produktion nach Allergenbehandlung. Dieser Anstieg war allerdings in Tyk2-defizienten Mäusen wesentlich geringer als in Wildtyp-Mäusen. Die beobachteten niedrigeren IL-17A-Werte in Tyk2-defizienten Mäusen lassen sich durch die in Abschnitt 7.3.1 beschriebenen Unterschiede in den Th17-induzierenden Zytokinen schlüssig erklären. Es konnte jedoch bei unbehandelten Tyk2-defizienten Mäusen kein Unterschied zur IL-17A-Produktion bei Wildtyp-Mäusen nachgewiesen werden.

Neben IL-17A wird auch IL-17F von Th17-Lymphozyten produziert (64). Zudem formen beide Zytokine Heterodimere, IL-17AF (173). Bei der Analyse der Produktion dieser beiden Zytokine in der BALF zeigte sich, dass in Tyk2-defizienten Mäusen nach Allergenbehandlung eine mit dem Wildtyp vergleichbare IL-17F-Menge, aber deutlich weniger IL-17AF sezerniert wurde. Da in der BALF insgesamt größere Mengen an IL-17F als IL-17A vorliegen, erklärt dies die geringe Konzentration von IL-17AF nach Allergenbehandlung.

Bei Analyse der Produktion von IL-17F und IL-17AF in Gesamtzellen der Lunge war nach Allergen-Gabe eine Reduktion beider Zytokine in Tyk2-defizienten Mäusen im Vergleich zu Wildtyp-Mäusen feststellbar.

Zusammenfassend lässt sich daher sagen, dass Tyk2 eine wichtige Rolle bei der Differenzierung naiver T-Lymphozyten zu Th17-Zellen spielt, da Tyk2 die Produktion der für die Entwicklung entscheidenden Zytokine in der Lunge beeinflusst. Somit reguliert Tyk2 die Th17-Differenzierung über die verfügbare Konzentration der Zytokine IL-6, IL-21, IL-23, IL-1β sowie TGFβ im Mikromilieu der Lunge. Dies tritt insbesondere *in vivo* nach einer Allergenbehandlung auf. Die in Abschnitt 7.3.1 gezeigte *in vitro*-Differenzierung nutzt naive Zellen aus der Milz, die aus einem anderen Mikromilieu stammen und dann ohne die Präsenz weiterer Zelltypen inkubiert wurden. Diese isolierte Zellpopulation Tyk2-defizienter Mäuse differenziert wesentlich schlechter zu Th17-Lymphozyten als Wildtyp-Zellen. Bei naiven Mäusen ließ sich in der Lunge jedoch kein Unterschied zwischen den Genotypen in der Produktion des Zytokins IL-17A nachweisen. Dies deutet ebenfalls auf die Verschiedenheit der Mikromilieus Lunge und Milz hin. In der Lunge ist in Tyk2-defizienten Mäusen nur nach Allergenbehandlung eine reduzierte Konzentration der Zytokine IL-17A, IL-17F und IL-17AF zu messen.

### 7.3.3 Rekombinantes IL-17A induziert Atemwegshyperreagibilität und Neutrophilie

IL-17A ist ein Zytokin, das Auswirkungen auf die Ausbildung der AHR und der Infiltration der Atemwege mit neutrophilen Granulozyten hat (174). Da in beiden Mausstämmen ein Anstieg dieses Zytokins nach Allergenbehandlung gemessen wurde, zeigt dies die wichtige Rolle von IL-17A auf. Aus diesem Grund wurden Mäuse während der Allergen-Konfrontationsphase zusätzlich mit IL-17A behandelt.

Mäuse beider Mausstämme zeigten nach der zusätzlichen IL-17A-Gabe eine erhöhte AHR im Vergleich zur alleinigen Allergenbehandlung. Dabei konnte in beiden Behandlungsgruppen kein Unterschied zwischen den Mausstämmen nachgewiesen werden. Die Tatsache, dass durch die Gabe von IL-17A die AHR in Tyk2-defizienten Mäusen stärker anstieg als die in nur mit OVA-behandelten Wildtyp-Mäusen, zeigt, dass die AHR in Tyk2-defizienten Mäusen vor allem durch IL-17A reguliert wird. Somit erklärt dies auch, weshalb in Tyk2-defizienten Mäusen die AHR nach alleiniger OVA-Gabe im Vergleich zum Wildtyp nicht erhöht ist, was nach der Analyse der weiteren untersuchten Parameter zu erwarten gewesen wäre. IL-17A ist somit für die Ausbildung der AHR entscheidend, es spielt womöglich eine größere Rolle als IL-13.

Neutrophile Granulozyten fanden sich vermehrt in der BAL mit IL-17A und OVA behandelter Mäuse beider Stämme. In Tyk2-defizienten Mäusen war der durch IL-17A ausgelöste Anstieg nicht so stark wie in Wildtyp-Mäusen. Dies bedeutet, dass die Rekrutierung neutrophiler Granulozyten in Tyk2-defizienten Mäusen wesentlich schwächer verläuft als in Wildtyp-Mäusen. Dies kann jedoch durch den signifikant erhöhten Anteil eosinophiler Granulozyten in Tyk2-defizienten Mäusen im Vergleich zu Wildtyp-Mäusen in der BAL kompensiert werden. Die Rekrutierung dieser Zellen in die Lunge wird nicht durch IL-17A beeinflusst, da bei beiden Mausstämmen keine Veränderungen im Vergleich zu der alleinigen OVA-Behandlung beobachtet werden konnten.

### 7.3.4 IL-17A hat keinen Einfluss auf die bronchiale Entzündung sowie die IgE-Produktion

Nach der zusätzlichen Behandlung der Mäuse mit IL-17A wurde auch untersucht, wie sich dies auf die Ausbildung der Entzündung der Atemwege und die IgE-Produktion der Mäuse auswirkt. Hierbei konnte gezeigt werden, dass keine Unterschiede zu der alleinigen OVA-Behandlung bestehen. Tyk2-defiziente Mäuse zeigten dabei jeweils eine stärkere

Entzündung und eine höhere IgE-Konzentration im Serum. IL-17A kann also die Atemwegsentzündung und auch die IgE-Produktion nicht beeinflussen.

Es konnte bisher gezeigt werden, dass IL-17A nur dann einen Einfluss auf die Atemwegsentzündung ausübt, wenn die typischen Th2-Zytokine IL-4, und IL-13 fehlen (68). STAT3, das an der Th17-Differenzierung beteiligt ist, spielt jedoch bei der Entstehung des Hyper-IgE-Syndroms eine wichtige Rolle. So weisen Patienten mit einer Mutation im STAT3-Gen diese Erkrankung vermehrt auf. IL-17A spielt dabei laut dieser Studie in der Pathogenese keine Rolle (175).

### 7.3.5 IL-17A reduziert die Produktion von Th2-Zytokinen in Tyk2-defizienten Mäusen

Th2-Zytokine sind entscheidend für die Entwicklung einer allergischen Erkrankung wie Asthma bronchiale. Bei der IL-17A-Gabe zusätzlich zum Allergen OVA konnte bei Wildtyp-Mäusen keine Veränderung der Produktion der Zytokine IL-4, IL-5 und IL-13 festgestellt werden. Bei Tyk2-defizienten Mäusen kam es jedoch zu einer Reduktion der Sekretion dieser Zytokine. Diese Mäuse produzierten aber insgesamt immer noch größere Mengen als Wildtyp-Mäuse. Es wurde bereits beschrieben, dass IL-17A eine existierende Th2-Antwort reduzieren kann (62). Da in dieser Arbeit diese Auswirkung von IL-17A nur in Tyk2-defizienten Mäusen nachgewiesen werden konnte, kann in einem Asthma-Modell von einer Beteiligung von Tyk2 an diesem Prozess ausgegangen werden. Tyk2 spielt daher bei der IL-17A-vermittelten Th2-Inhibition eine Rolle. Da in nur mit dem Allergen-behandelten Tieren Tyk2-defiziente Mäuse deutlich mehr Th2-Zytokine, jedoch weniger IL-17A produzieren als Wildtyp-Mäuse, kann diese erhöhte Th2-Produktion auch damit in Verbindung stehen.

In einer Studie konnten Schnyder-Candrian et al. zeigen, dass IL-17A für die Induktion des allergischen Asthmas nötig ist, jedoch bereits etabliertes Asthma durch dieses Zytokin inhibiert wird, also eine Verbesserung der Symptomatik bewirkt. IL-17A führt zu einem Rückgang Produktion der Th2-Zytokine, indem es zu einer geringeren Aktivierung der T-Lymphozyten in den Lymphknoten sowie der Lunge beiträgt (69). Tyk2 kann diese Inhibition offenbar revidieren, denn die Abwesenheit von Tyk2 scheint diesen Prozess zu verstärken.

In einer Studie von Huang et al. konnte hingegen gezeigt werden, dass IL-17A gemeinsam mit Th2-Zytokinen eine Th2-Immunantwort verstärkt. Dies konnte in dieser Studie nur im

Hinblick auf die gestiegene Atemwegshyperreagibilität und die Menge neutrophiler Granulozyten in den Atemwegen gezeigt werden, bei den anderen untersuchten Parametern war keine solche synergistische Wirkung von IL-17A zu beobachten (70).

### 7.3.6 Die Gabe von IL-17A führt zu einem Rückgang regulatorischer T-Lymphozyten

$T_{reg}$ sind gekennzeichnet durch die Expression des Transkriptionsfaktors Foxp3. Es wurde bisher von Hwang et al. und Zhou et al. beschrieben, dass der für Th17-Lymphozyten charakteristische Transkriptionsfaktor RORγt und Foxp3 durch die Bindung an den jeweiligen Promotor einander gegenseitig inhibieren (87, 171). Ein Anstieg der einen Zellpopulation geht daher mit einer Abnahme der anderen Population einher. Daneben ist aber auch die durch TGFβ ausgelöste Signaltransduktion an der differenzierten Regulation dieser beiden Subpopulationen beteiligt. So spielt TGFβ bei der Differenzierung beider Subpopulationen eine Rolle. TGFβ wirkt direkt auf die Promotoren der beiden Transkriptionsfaktoren ein und trägt gemeinsam mit dem Th2-spezifischen Transkriptionsfaktor GATA3 zur Regulation bei. So inhibiert das gemeinsame Vorhandensein von TGFβ und GATA3 die Foxp3-Expression, während die alleinige Präsenz von TGFβ die RORγt-Expression reduziert (176).

In dieser Arbeit konnte beobachtet werden, dass es durch die zusätzliche Behandlung der asthmatischen Mäuse mit IL-17A zu einer Reduktion der $T_{reg}$ kam. Dies trat besonders deutlich bei Tyk2-defizienten Mäusen auf. Es kann daher davon ausgegangen werden, dass durch das Vorhandensein der beiden Transkriptionsfaktoren TGFβ und GATA3 die Foxp3-Expression reduziert und gleichzeitig die RORγt-Expression induziert wird. Dies erklärt die reduzierte Anzahl der $CD4^+CD25^{hi}Foxp3^+$-$T_{reg}$. Hierbei tritt dieses Phänomen verstärkt bei Tyk2-defizienten Mäusen auf. Tyk2 greift somit in die molekulare Regulation dieser Transkriptionsfaktoren ein. Ein weiterer Grund für den beobachteten Rückgang der $T_{reg}$ nach einer IL-17A-Gabe kann auch die durch IL-21 ausgelöste Inhibition von Foxp3 sein (177). Da eine erhöhte IL-21-Produktion im Asthma-Modell in Tyk2-defizienten Mäusen gefunden wurde, kann diese zur Erklärung des beobachteten Phänotyps beitragen.

### 7.3.7 IL-1β kann IL-17A-Produktion in Tyk2-defizienten Mäusen induzieren

IL-1β ist an der Differenzierung muriner T-Lymphozyten zu Th17-Lymphozyten beteiligt (178). Die Gabe von rekombinantem IL-1β zu naiven Milzzellen für die Th17-Differenzierung führte bei beiden Mausstämmen zu einer Induktion der

IL-17A-Produktion und damit zu einer Erhöhung der Th17-Subpopulation. IL-1β ist zudem in der Lage, die deutlich reduzierte IL-17A-Produktion in Tyk2-defizienten Mäusen zu induzieren und somit diesen Defekt *in vitro* umzukehren. IL-1β führt dazu, dass das Mikromilieu der Milz der Maus *in vitro* besser dargestellt werden kann und somit ein genaueres Abbild der realen Situation entsteht. Da *in vivo* in naiven Tyk2-defizienten Mäusen in der Lunge eine mit Wildtyp-Mäusen vergleichbare IL-17A-Produktion beobachtet werden konnte, erklärt dies die Diskrepanz zu den Resultaten der Th17-Differenzierungsversuche in denen kein IL-1β eingesetzt worden war. IL-1β wird vorwiegend von Makrophagen sezerniert (179), deren Einfluss bei *in vitro*-Versuchen mit isolierten T-Lymphozyten fehlt. Die zusätzliche Gabe von IL-1β spielt somit in Tyk2-defizienten Mäusen eine besonders wichtige Rolle bei der Th17-Differnzierung, da sie kompensatorisch den Defekt in der Differenzierung aufheben kann. Tyk2 ist daher in der Lage, das Mikromilieu zu beeinflussen, so dass eine Th17-Differenzierung reduziert wird.

### 7.3.8 Rekombinantes IL-1β führt zu einem schwereren Phänotyp des Asthma bronchiale

Die Behandlung asthmatischer Mäuse mit rekombinantem IL-1β führte bei beiden Mausstämmen zu einer Induktion der AHR und einer gestiegenen bronchialen Entzündung. In einer Studie konnten Hernandez et al. belegen, dass die Behandlung von Meerschweinchen mit rekombinantem IL-1β zu einem Anstieg der AHR sowie einer Entzündung der Bronchien führt (179). Dieser Anstieg der AHR kann durch eine erhöhte IL-17A-Produktion erklärt werden

Durch die zusätzliche IL-1β-Gabe kam es zu einer gesteigerten Eosinophilie sowie Neutrophilie bei beiden Mausstämmen, sie war jedoch bei Tyk2-defizienten Mäusen stärker ausgeprägt als bei Wildtyp-Mäusen. In einer Studie konnten Hsu et al. zeigen, dass IL-1β zur Ausbildung einer Neutrophilie beiträgt (180). Auch bei der Induktion der Neutrophilie spielt die erhöhte IL-17A-Sekretion eine bedeutende Rolle. IL-1β induziert die Produktion des Chemokins Eotaxin, das als Chemoattraktans für eosinophile Granulozyten wirkt und somit für die gestiegene Rekrutierung dieser Zellen in die Lunge verantwortlich ist (181).

Die zusätzliche Behandlung mit IL-1β führte beiden Mausstämmen zu einer Zunahme der IgE-Sekretion. Insgesamt produzierten Tyk2-defiziente Mäuse mehr IgE als Wildtyp-Mäuse. Bei Th2-Zytokinen zeigte sich nach Behandlung asthmatischer Mäuse mit IL-1β eine reduzierte Produktion bei Wildtyp-Mäusen, während bei Tyk2-defizienten Mäusen kein Unterschied zu messen war. Die verstärkte Induktion der IgE-Sekretion bei Wildtyp-Mäusen steht dabei im Widerspruch zur Reduktion der Th2-Zytokine. Es konnte bisher kein Einfluss von IL-1β auf die IgE-Produktion beschrieben werden.

Insgesamt führt IL-1β zu einer Verstärkung des asthmatischen Phänotyps. Eine große Rolle spielt dabei die IL-17A-Induktion, da diese für bestimmte Charakteristika verantwortlich ist.

### 7.3.9 Rekombinantes IL-1β induziert die IL-17A-Produktion *in vivo*

Rekombinantes IL-1β führte bei beiden untersuchten Mausstämmen zu einer Induktion der IL-17A-Produktion in einem Asthma-Modell, jedoch fiel die Zunahme bei Tyk2-defizienten Mäusen geringer aus, als bei Wildtyp-Mäusen. Gleichzeitig kam es jedoch bei diesen Mäusen zu einer Abnahme der IL-17-Rezeptor-Expression auf der Oberfläche von $CD4^+$-T-Lymphozyten, während es diese bei Tyk2-defizienten Mäusen zunahm. Bei der Analyse der Th17-induzierenden Zytokine zeigte sich, dass die IL-1β-Gabe bei Tyk2-defizienten Mäusen keinen Einfluss auf die Produktion von IL-6, IL-21 und TGFβ hatte, während bei Wildtyp-Mäusen eine Reduktion zu beobachten war.

Die Untersuchung der Transkriptionsfaktoren NFκB, JunB, SOCS3, STAT3 und STAT5 zeigte, dass im Vergleich zur alleinigen OVA-Gabe durch die Behandlung mit IL-1β in Tyk2-defizienten Mäusen eine starke Reduktion der Expression zu beobachten war. Bei Wildtyp-Mäusen zeigte sich hingegen eine Induktion aller Transkriptionsfaktoren außer STAT3, dessen Expression deutlich reduziert war.

Diese Ergebnisse zeigen, dass IL-1β auch *in vivo* entscheidend an der Induktion der IL-17A-Produktion beteiligt ist. In Wildtyp-Mäusen kann die reduzierte Verfügbarkeit der Th17-induzierenden Zytokine durch eine vermehrte Expression der Transkriptionsfaktoren ausgeglichen werden. Bei Tyk2-defizienten Mäusen verhält es sich hingegen umgekehrt, hier sind in erster Linie die Zytokine IL-6, IL-21 und TGFβ für einen Anstieg der IL-17A-Produktion verantwortlich. Zudem erhöht die gestiegene Expression des IL-17-Rezeptors die Wirksamkeit von IL-17A in diesem Mausstamm. Es wurde bisher noch nicht beschrieben, dass IL-1β IL-2 induziert, was zu einer gesteigerten Expression von STAT5 führen könnte. STAT5 ist zudem in der Lage STAT3 zu inhibieren (182), und könnte eine verminderte Th17-Differenzierung auszulösen.

Zusammenfassend lässt sich daher sagen, dass Tyk2 bei der Differenzierung von Th17-Lymphozyten durch die Einleitung der Signaltransduktion der Zytokine IL-6 und IL-23 eine wichtige Rolle spielt. Über die TGFβ-Produktion und die durch IL-21 induzierte STAT5-Expression kommt es zur Entstehung des beobachteten Phänotyps. Auch IL-1β kann durch Induktion von IL-2 und somit ebenfalls STAT5 dazu beitragen. TGFβ und IL-21 sind im Mikromilieu der Lunge besonders wichtig für die Th17-Differenzierung.

# 8 LITERATURVERZEICHNIS

1. Ghoreschi, K., Laurence, A., and O'Shea, J.J. 2009. Janus kinases in immune cell signaling. *Immunological reviews* 228:273-287.
2. Haan, C., Kreis, S., Margue, C., and Behrmann, I. 2006. Jaks and cytokine receptors-- an intimate relationship. *Biochemical pharmacology* 72:1538-1546.
3. Vainchenker, W., Dusa, A., and Constantinescu, S.N. 2008. JAKs in pathology: role of Janus kinases in hematopoietic malignancies and immunodeficiencies. *Seminars in cell & developmental biology* 19:385-393.
4. O'Shea, J.J., Gadina, M., and Schreiber, R.D. 2002. Cytokine signaling in 2002: new surprises in the Jak/Stat pathway. *Cell* 109 Suppl:S121-131.
5. Bacon, C.M., McVicar, D.W., Ortaldo, J.R., Rees, R.C., O'Shea, J.J., and Johnston, J.A. 1995. Interleukin 12 (IL-12) induces tyrosine phosphorylation of JAK2 and TYK2: differential use of Janus family tyrosine kinases by IL-2 and IL-12. *The Journal of experimental medicine* 181:399-404.
6. Nakamura, R., Shibata, K., Yamada, H., Shimoda, K., Nakayama, K., and Yoshikai, Y. 2008. Tyk2-signaling plays an important role in host defense against Escherichia coli through IL-23-induced IL-17 production by gammadelta T cells. *Journal of immunology* 181:2071-2075.
7. Velazquez, L., Fellous, M., Stark, G.R., and Pellegrini, S. 1992. A protein tyrosine kinase in the interferon alpha/beta signaling pathway. *Cell* 70:313-322.
8. Kotenko, S.V., Gallagher, G., Baurin, V.V., Lewis-Antes, A., Shen, M., Shah, N.K., Langer, J.A., Sheikh, F., Dickensheets, H., and Donnelly, R.P. 2003. IFN-lambdas mediate antiviral protection through a distinct class II cytokine receptor complex. *Nature immunology* 4:69-77.
9. Leonard, W.J., and O'Shea, J.J. 1998. Jaks and STATs: biological implications. *Annual review of immunology* 16:293-322.
10. Stahl, N., Boulton, T.G., Farruggella, T., Ip, N.Y., Davis, S., Witthuhn, B.A., Quelle, F.W., Silvennoinen, O., Barbieri, G., Pellegrini, S., et al. 1994. Association and activation of Jak-Tyk kinases by CNTF-LIF-OSM-IL-6 beta receptor components. *Science* 263:92-95.
11. Karaghiosoff, M., Neubauer, H., Lassnig, C., Kovarik, P., Schindler, H., Pircher, H., McCoy, B., Bogdan, C., Decker, T., Brem, G., et al. 2000. Partial impairment of cytokine responses in Tyk2-deficient mice. *Immunity* 13:549-560.
12. Shimoda, K., Kato, K., Aoki, K., Matsuda, T., Miyamoto, A., Shibamori, M., Yamashita, M., Numata, A., Takase, K., Kobayashi, S., et al. 2000. Tyk2 plays a restricted role in IFN alpha signaling, although it is required for IL-12-mediated T cell function. *Immunity* 13:561-571.
13. Watford, W.T., and O'Shea, J.J. 2006. Human tyk2 kinase deficiency: another primary immunodeficiency syndrome. *Immunity* 25:695-697.
14. Minegishi, Y., Saito, M., Morio, T., Watanabe, K., Agematsu, K., Tsuchiya, S., Takada, H., Hara, T., Kawamura, N., Ariga, T., et al. 2006. Human tyrosine kinase 2

deficiency reveals its requisite roles in multiple cytokine signals involved in innate and acquired immunity. *Immunity* 25:745-755.
15. Ishizaki, M., Akimoto, T., Muromoto, R., Yokoyama, M., Ohshiro, Y., Sekine, Y., Maeda, H., Shimoda, K., Oritani, K., and Matsuda, T. 2011. Involvement of Tyrosine Kinase-2 in Both the IL-12/Th1 and IL-23/Th17 Axes In Vivo. *Journal of immunology* 187:181-189.
16. Wan, J., Fu, A.K., Ip, F.C., Ng, H.K., Hugon, J., Page, G., Wang, J.H., Lai, K.O., Wu, Z., and Ip, N.Y. 2010. Tyk2/STAT3 signaling mediates beta-amyloid-induced neuronal cell death: implications in Alzheimer's disease. *The Journal of neuroscience : the official journal of the Society for Neuroscience* 30:6873-6881.
17. Oyamada, A., Ikebe, H., Itsumi, M., Saiwai, H., Okada, S., Shimoda, K., Iwakura, Y., Nakayama, K.I., Iwamoto, Y., Yoshikai, Y., et al. 2009. Tyrosine kinase 2 plays critical roles in the pathogenic CD4 T cell responses for the development of experimental autoimmune encephalomyelitis. *Journal of immunology* 183:7539-7546.
18. Spach, K.M., Noubade, R., McElvany, B., Hickey, W.F., Blankenhorn, E.P., and Teuscher, C. 2009. A single nucleotide polymorphism in Tyk2 controls susceptibility to experimental allergic encephalomyelitis. *Journal of immunology* 182:7776-7783.
19. Sato, K., Shiota, M., Fukuda, S., Iwamoto, E., Machida, H., Inamine, T., Kondo, S., Yanagihara, K., Isomoto, H., Mizuta, Y., et al. 2009. Strong evidence of a combination polymorphism of the tyrosine kinase 2 gene and the signal transducer and activator of transcription 3 gene as a DNA-based biomarker for susceptibility to Crohn's disease in the Japanese population. *Journal of clinical immunology* 29:815-825.
20. Strobl, B., Bubic, I., Bruns, U., Steinborn, R., Lajko, R., Kolbe, T., Karaghiosoff, M., Kalinke, U., Jonjic, S., and Muller, M. 2005. Novel functions of tyrosine kinase 2 in the antiviral defense against murine cytomegalovirus. *Journal of immunology* 175:4000-4008.
21. Karaghiosoff, M., Steinborn, R., Kovarik, P., Kriegshauser, G., Baccarini, M., Donabauer, B., Reichart, U., Kolbe, T., Bogdan, C., Leanderson, T., et al. 2003. Central role for type I interferons and Tyk2 in lipopolysaccharide-induced endotoxin shock. *Nature immunology* 4:471-477.
22. Schleicher, U., Mattner, J., Blos, M., Schindler, H., Rollinghoff, M., Karaghiosoff, M., Muller, M., Werner-Felmayer, G., and Bogdan, C. 2004. Control of Leishmania major in the absence of Tyk2 kinase. *European journal of immunology* 34:519-529.
23. Shaw, M.H., Freeman, G.J., Scott, M.F., Fox, B.A., Bzik, D.J., Belkaid, Y., and Yap, G.S. 2006. Tyk2 negatively regulates adaptive Th1 immunity by mediating IL-10 signaling and promoting IFN-gamma-dependent IL-10 reactivation. *Journal of immunology* 176:7263-7271.
24. Stoiber, D., Kovacic, B., Schuster, C., Schellack, C., Karaghiosoff, M., Kreibich, R., Weisz, E., Artwohl, M., Kleine, O.C., Muller, M., et al. 2004. TYK2 is a key regulator of the surveillance of B lymphoid tumors. *The Journal of clinical investigation* 114:1650-1658.
25. Simma, O., Zebedin, E., Neugebauer, N., Schellack, C., Pilz, A., Chang-Rodriguez, S., Lingnau, K., Weisz, E., Putz, E.M., Pickl, W.F., et al. 2009. Identification of an indispensable role for tyrosine kinase 2 in CTL-mediated tumor surveillance. *Cancer research* 69:203-211.

26. Ide, H., Nakagawa, T., Terado, Y., Kamiyama, Y., Muto, S., and Horie, S. 2008. Tyk2 expression and its signaling enhances the invasiveness of prostate cancer cells. *Biochemical and biophysical research communications* 369:292-296.
27. Shimoda, K., Kamesaki, K., Numata, A., Aoki, K., Matsuda, T., Oritani, K., Tamiya, S., Kato, K., Takase, K., Imamura, R., et al. 2002. Cutting edge: tyk2 is required for the induction and nuclear translocation of Daxx which regulates IFN-alpha-induced suppression of B lymphocyte formation. *Journal of immunology* 169:4707-4711.
28. Gamero, A.M., Potla, R., Wegrzyn, J., Szelag, M., Edling, A.E., Shimoda, K., Link, D.C., Dulak, J., Baker, D.P., Tanabe, Y., et al. 2006. Activation of Tyk2 and Stat3 is required for the apoptotic actions of interferon-beta in primary pro-B cells. *The Journal of biological chemistry* 281:16238-16244.
29. Potla, R., Koeck, T., Wegrzyn, J., Cherukuri, S., Shimoda, K., Baker, D.P., Wolfman, J., Planchon, S.M., Esposito, C., Hoit, B., et al. 2006. Tyk2 tyrosine kinase expression is required for the maintenance of mitochondrial respiration in primary pro-B lymphocytes. *Molecular and cellular biology* 26:8562-8571.
30. Weiss, S.T. 2010. Lung function and airway diseases. *Nature genetics* 42:14-16.
31. Kim, H.Y., DeKruyff, R.H., and Umetsu, D.T. 2010. The many paths to asthma: phenotype shaped by innate and adaptive immunity. *Nature immunology* 11:577-584.
32. Taube, C., and Buhl, R. 2010. [Does phenotyping asthma help to improve differential treatment?]. *Deutsche medizinische Wochenschrift* 135:468-473.
33. Aujla, S.J., and Alcorn, J.F. 2011. T(H)17 cells in asthma and inflammation. *Biochimica et biophysica acta*.
34. Van Eerdewegh, P., Little, R.D., Dupuis, J., Del Mastro, R.G., Falls, K., Simon, J., Torrey, D., Pandit, S., McKenny, J., Braunschweiger, K., et al. 2002. Association of the ADAM33 gene with asthma and bronchial hyperresponsiveness. *Nature* 418:426-430.
35. Atwood, C.S., and Bowen, R.L. 2008. A multi-hit endocrine model of intrinsic adult-onset asthma. *Ageing research reviews* 7:114-125.
36. Murphy, K., Travers, P., and Walport, M. 2007. *Janeway's Immunobiology*: Garland Science.
37. Eder, W., Ege, M.J., and von Mutius, E. 2006. The asthma epidemic. *The New England journal of medicine* 355:2226-2235.
38. Pearce, N., Ait-Khaled, N., Beasley, R., Mallol, J., Keil, U., Mitchell, E., and Robertson, C. 2007. Worldwide trends in the prevalence of asthma symptoms: phase III of the International Study of Asthma and Allergies in Childhood (ISAAC). *Thorax* 62:758-766.
39. Zhang, J., Pare, P.D., and Sandford, A.J. 2008. Recent advances in asthma genetics. *Respiratory research* 9:4.
40. Lloyd, C.M., and Hessel, E.M. 2010. Functions of T cells in asthma: more than just T(H)2 cells. *Nature reviews. Immunology* 10:838-848.
41. Paul, W.E., and Zhu, J. 2010. How are T(H)2-type immune responses initiated and amplified? *Nature reviews. Immunology* 10:225-235.
42. Kemp, K.L., Levin, S.D., Bryce, P.J., and Stein, P.L. 2010. Lck mediates Th2 differentiation through effects on T-bet and GATA-3. *Journal of immunology* 184:4178-4184.
43. Yu, Q., Sharma, A., Oh, S.Y., Moon, H.G., Hossain, M.Z., Salay, T.M., Leeds, K.E., Du, H., Wu, B., Waterman, M.L., et al. 2009. T cell factor 1 initiates the T helper type

2 fate by inducing the transcription factor GATA-3 and repressing interferon-gamma. *Nature immunology* 10:992-999.
44. Amsen, D., Antov, A., Jankovic, D., Sher, A., Radtke, F., Souabni, A., Busslinger, M., McCright, B., Gridley, T., and Flavell, R.A. 2007. Direct regulation of Gata3 expression determines the T helper differentiation potential of Notch. *Immunity* 27:89-99.
45. Woodruff, P.G., Modrek, B., Choy, D.F., Jia, G., Abbas, A.R., Ellwanger, A., Koth, L.L., Arron, J.R., and Fahy, J.V. 2009. T-helper type 2-driven inflammation defines major subphenotypes of asthma. *American journal of respiratory and critical care medicine* 180:388-395.
46. Chang, H.C., Sehra, S., Goswami, R., Yao, W., Yu, Q., Stritesky, G.L., Jabeen, R., McKinley, C., Ahyi, A.N., Han, L., et al. 2010. The transcription factor PU.1 is required for the development of IL-9-producing T cells and allergic inflammation. *Nature immunology* 11:527-534.
47. Staudt, V., Bothur, E., Klein, M., Lingnau, K., Reuter, S., Grebe, N., Gerlitzki, B., Hoffmann, M., Ulges, A., Taube, C., et al. 2010. Interferon-regulatory factor 4 is essential for the developmental program of T helper 9 cells. *Immunity* 33:192-202.
48. Veldhoen, M., Uyttenhove, C., van Snick, J., Helmby, H., Westendorf, A., Buer, J., Martin, B., Wilhelm, C., and Stockinger, B. 2008. Transforming growth factor-beta 'reprograms' the differentiation of T helper 2 cells and promotes an interleukin 9-producing subset. *Nature immunology* 9:1341-1346.
49. Jones, T.G., Hallgren, J., Humbles, A., Burwell, T., Finkelman, F.D., Alcaide, P., Austen, K.F., and Gurish, M.F. 2009. Antigen-induced increases in pulmonary mast cell progenitor numbers depend on IL-9 and CD1d-restricted NKT cells. *Journal of immunology* 183:5251-5260.
50. Temann, U.A., Geba, G.P., Rankin, J.A., and Flavell, R.A. 1998. Expression of interleukin 9 in the lungs of transgenic mice causes airway inflammation, mast cell hyperplasia, and bronchial hyperresponsiveness. *The Journal of experimental medicine* 188:1307-1320.
51. Walker, W., Healey, G.D., and Hopkin, J.M. 2009. RNA interference of STAT6 rapidly attenuates ongoing interleukin-13-mediated events in lung epithelial cells. *Immunology* 127:256-266.
52. Whittaker, L., Niu, N., Temann, U.A., Stoddard, A., Flavell, R.A., Ray, A., Homer, R.J., and Cohn, L. 2002. Interleukin-13 mediates a fundamental pathway for airway epithelial mucus induced by CD4 T cells and interleukin-9. *American journal of respiratory cell and molecular biology* 27:593-602.
53. Thieu, V.T., Yu, Q., Chang, H.C., Yeh, N., Nguyen, E.T., Sehra, S., and Kaplan, M.H. 2008. Signal transducer and activator of transcription 4 is required for the transcription factor T-bet to promote T helper 1 cell-fate determination. *Immunity* 29:679-690.
54. Cohn, L., Homer, R.J., Marinov, A., Rankin, J., and Bottomly, K. 1997. Induction of airway mucus production By T helper 2 (Th2) cells: a critical role for interleukin 4 in cell recruitment but not mucus production. *The Journal of experimental medicine* 186:1737-1747.
55. Nakagome, K., Okunishi, K., Imamura, M., Harada, H., Matsumoto, T., Tanaka, R., Miyazaki, J., Yamamoto, K., and Dohi, M. 2009. IFN-gamma attenuates antigen-induced overall immune response in the airway as a Th1-type immune regulatory cytokine. *Journal of immunology* 183:209-220.

56. Sheikh, S.Z., Matsuoka, K., Kobayashi, T., Li, F., Rubinas, T., and Plevy, S.E. 2010. Cutting edge: IFN-gamma is a negative regulator of IL-23 in murine macrophages and experimental colitis. *Journal of immunology* 184:4069-4073.
57. Finotto, S., Hausding, M., Doganci, A., Maxeiner, J.H., Lehr, H.A., Luft, C., Galle, P.R., and Glimcher, L.H. 2005. Asthmatic changes in mice lacking T-bet are mediated by IL-13. *International immunology* 17:993-1007.
58. Finotto, S., Neurath, M.F., Glickman, J.N., Qin, S., Lehr, H.A., Green, F.H., Ackerman, K., Haley, K., Galle, P.R., Szabo, S.J., et al. 2002. Development of spontaneous airway changes consistent with human asthma in mice lacking T-bet. *Science* 295:336-338.
59. Cui, J., Pazdziorko, S., Miyashiro, J.S., Thakker, P., Pelker, J.W., Declercq, C., Jiao, A., Gunn, J., Mason, L., Leonard, J.P., et al. 2005. TH1-mediated airway hyperresponsiveness independent of neutrophilic inflammation. *The Journal of allergy and clinical immunology* 115:309-315.
60. Hansen, G., Berry, G., DeKruyff, R.H., and Umetsu, D.T. 1999. Allergen-specific Th1 cells fail to counterbalance Th2 cell-induced airway hyperreactivity but cause severe airway inflammation. *The Journal of clinical investigation* 103:175-183.
61. Mamessier, E., Nieves, A., Lorec, A.M., Dupuy, P., Pinot, D., Pinet, C., Vervloet, D., and Magnan, A. 2008. T-cell activation during exacerbations: a longitudinal study in refractory asthma. *Allergy* 63:1202-1210.
62. Bettelli, E., Carrier, Y., Gao, W., Korn, T., Strom, T.B., Oukka, M., Weiner, H.L., and Kuchroo, V.K. 2006. Reciprocal developmental pathways for the generation of pathogenic effector TH17 and regulatory T cells. *Nature* 441:235-238.
63. Brustle, A., Heink, S., Huber, M., Rosenplanter, C., Stadelmann, C., Yu, P., Arpaia, E., Mak, T.W., Kamradt, T., and Lohoff, M. 2007. The development of inflammatory T(H)-17 cells requires interferon-regulatory factor 4. *Nature immunology* 8:958-966.
64. Harrington, L.E., Hatton, R.D., Mangan, P.R., Turner, H., Murphy, T.L., Murphy, K.M., and Weaver, C.T. 2005. Interleukin 17-producing CD4+ effector T cells develop via a lineage distinct from the T helper type 1 and 2 lineages. *Nature immunology* 6:1123-1132.
65. Mangan, P.R., Harrington, L.E., O'Quinn, D.B., Helms, W.S., Bullard, D.C., Elson, C.O., Hatton, R.D., Wahl, S.M., Schoeb, T.R., and Weaver, C.T. 2006. Transforming growth factor-beta induces development of the T(H)17 lineage. *Nature* 441:231-234.
66. Schraml, B.U., Hildner, K., Ise, W., Lee, W.L., Smith, W.A., Solomon, B., Sahota, G., Sim, J., Mukasa, R., Cemerski, S., et al. 2009. The AP-1 transcription factor Batf controls T(H)17 differentiation. *Nature* 460:405-409.
67. Wilson, R.H., Whitehead, G.S., Nakano, H., Free, M.E., Kolls, J.K., and Cook, D.N. 2009. Allergic sensitization through the airway primes Th17-dependent neutrophilia and airway hyperresponsiveness. *American journal of respiratory and critical care medicine* 180:720-730.
68. He, R., Kim, H.Y., Yoon, J., Oyoshi, M.K., MacGinnitie, A., Goya, S., Freyschmidt, E.J., Bryce, P., McKenzie, A.N., Umetsu, D.T., et al. 2009. Exaggerated IL-17 response to epicutaneous sensitization mediates airway inflammation in the absence of IL-4 and IL-13. *The Journal of allergy and clinical immunology* 124:761-770 e761.
69. Schnyder-Candrian, S., Togbe, D., Couillin, I., Mercier, I., Brombacher, F., Quesniaux, V., Fossiez, F., Ryffel, B., and Schnyder, B. 2006. Interleukin-17 is a negative regulator of established allergic asthma. *The Journal of experimental medicine* 203:2715-2725.

70. Huang, F., Wachi, S., Thai, P., Loukoianov, A., Tan, K.H., Forteza, R.M., and Wu, R. 2008. Potentiation of IL-19 expression in airway epithelia by IL-17A and IL-4/IL-13: important implications in asthma. *The Journal of allergy and clinical immunology* 121:1415-1421, 1421 e1411-1413.
71. Barczyk, A., Pierzchala, W., and Sozanska, E. 2003. Interleukin-17 in sputum correlates with airway hyperresponsiveness to methacholine. *Respiratory medicine* 97:726-733.
72. Oboki, K., Ohno, T., Saito, H., and Nakae, S. 2008. Th17 and allergy. *Allergology international : official journal of the Japanese Society of Allergology* 57:121-134.
73. Schmidt-Weber, C.B., Akdis, M., and Akdis, C.A. 2007. TH17 cells in the big picture of immunology. *The Journal of allergy and clinical immunology* 120:247-254.
74. Al-Ramli, W., Prefontaine, D., Chouiali, F., Martin, J.G., Olivenstein, R., Lemiere, C., and Hamid, Q. 2009. T(H)17-associated cytokines (IL-17A and IL-17F) in severe asthma. *The Journal of allergy and clinical immunology* 123:1185-1187.
75. Hellings, P.W., Kasran, A., Liu, Z., Vandekerckhove, P., Wuyts, A., Overbergh, L., Mathieu, C., and Ceuppens, J.L. 2003. Interleukin-17 orchestrates the granulocyte influx into airways after allergen inhalation in a mouse model of allergic asthma. *American journal of respiratory cell and molecular biology* 28:42-50.
76. Zhao, Y., Yang, J., Gao, Y.D., and Guo, W. 2010. Th17 immunity in patients with allergic asthma. *International archives of allergy and immunology* 151:297-307.
77. Chen, Y., Kuchroo, V.K., Inobe, J., Hafler, D.A., and Weiner, H.L. 1994. Regulatory T cell clones induced by oral tolerance: suppression of autoimmune encephalomyelitis. *Science* 265:1237-1240.
78. Groux, H., O'Garra, A., Bigler, M., Rouleau, M., Antonenko, S., de Vries, J.E., and Roncarolo, M.G. 1997. A CD4+ T-cell subset inhibits antigen-specific T-cell responses and prevents colitis. *Nature* 389:737-742.
79. Mucida, D., Kutchukhidze, N., Erazo, A., Russo, M., Lafaille, J.J., and Curotto de Lafaille, M.A. 2005. Oral tolerance in the absence of naturally occurring Tregs. *The Journal of clinical investigation* 115:1923-1933.
80. Thornton, A.M., Korty, P.E., Tran, D.Q., Wohlfert, E.A., Murray, P.E., Belkaid, Y., and Shevach, E.M. 2010. Expression of Helios, an Ikaros transcription factor family member, differentiates thymic-derived from peripherally induced Foxp3+ T regulatory cells. *Journal of immunology* 184:3433-3441.
81. Ray, A., Khare, A., Krishnamoorthy, N., Qi, Z., and Ray, P. 2010. Regulatory T cells in many flavors control asthma. *Mucosal immunology* 3:216-229.
82. Joetham, A., Takeda, K., Taube, C., Miyahara, N., Matsubara, S., Koya, T., Rha, Y.H., Dakhama, A., and Gelfand, E.W. 2007. Naturally occurring lung CD4(+)CD25(+) T cell regulation of airway allergic responses depends on IL-10 induction of TGF-beta. *Journal of immunology* 178:1433-1442.
83. Kearley, J., Barker, J.E., Robinson, D.S., and Lloyd, C.M. 2005. Resolution of airway inflammation and hyperreactivity after in vivo transfer of CD4+CD25+ regulatory T cells is interleukin 10 dependent. *The Journal of experimental medicine* 202:1539-1547.
84. Seddon, B., and Mason, D. 1999. Regulatory T cells in the control of autoimmunity: the essential role of transforming growth factor beta and interleukin 4 in the prevention of autoimmune thyroiditis in rats by peripheral CD4(+)CD45RC- cells and CD4(+)CD8(-) thymocytes. *The Journal of experimental medicine* 189:279-288.

85. Bottema, R.W., Nolte, I.M., Howard, T.D., Koppelman, G.H., Dubois, A.E., de Meer, G., Kerkhof, M., Bleecker, E.R., Meyers, D.A., and Postma, D.S. 2010. Interleukin 13 and interleukin 4 receptor-alpha polymorphisms in rhinitis and asthma. *International archives of allergy and immunology* 153:259-267.
86. Ling, E.M., Smith, T., Nguyen, X.D., Pridgeon, C., Dallman, M., Arbery, J., Carr, V.A., and Robinson, D.S. 2004. Relation of CD4+CD25+ regulatory T-cell suppression of allergen-driven T-cell activation to atopic status and expression of allergic disease. *Lancet* 363:608-615.
87. Zhou, L., Lopes, J.E., Chong, M.M., Ivanov, II, Min, R., Victora, G.D., Shen, Y., Du, J., Rubtsov, Y.P., Rudensky, A.Y., et al. 2008. TGF-beta-induced Foxp3 inhibits T(H)17 cell differentiation by antagonizing RORgammat function. *Nature* 453:236-240.
88. Shimizu, J., Yamazaki, S., Takahashi, T., Ishida, Y., and Sakaguchi, S. 2002. Stimulation of CD25(+)CD4(+) regulatory T cells through GITR breaks immunological self-tolerance. *Nature immunology* 3:135-142.
89. Patel, M., Xu, D., Kewin, P., Choo-Kang, B., McSharry, C., Thomson, N.C., and Liew, F.Y. 2005. Glucocorticoid-induced TNFR family-related protein (GITR) activation exacerbates murine asthma and collagen-induced arthritis. *European journal of immunology* 35:3581-3590.
90. Ryanna, K., Stratigou, V., Safinia, N., and Hawrylowicz, C. 2009. Regulatory T cells in bronchial asthma. *Allergy* 64:335-347.
91. Ying, S., Humbert, M., Barkans, J., Corrigan, C.J., Pfister, R., Menz, G., Larche, M., Robinson, D.S., Durham, S.R., and Kay, A.B. 1997. Expression of IL-4 and IL-5 mRNA and protein product by CD4+ and CD8+ T cells, eosinophils, and mast cells in bronchial biopsies obtained from atopic and nonatopic (intrinsic) asthmatics. *Journal of immunology* 158:3539-3544.
92. Ying, S., Meng, Q., Barata, L.T., Robinson, D.S., Durham, S.R., and Kay, A.B. 1997. Associations between IL-13 and IL-4 (mRNA and protein), vascular cell adhesion molecule-1 expression, and the infiltration of eosinophils, macrophages, and T cells in allergen-induced late-phase cutaneous reactions in atopic subjects. *Journal of immunology* 158:5050-5057.
93. Miyahara, N., Swanson, B.J., Takeda, K., Taube, C., Miyahara, S., Kodama, T., Dakhama, A., Ott, V.L., and Gelfand, E.W. 2004. Effector CD8+ T cells mediate inflammation and airway hyper-responsiveness. *Nature medicine* 10:865-869.
94. Karwot, R., Maxeiner, J.H., Schmitt, S., Scholtes, P., Hausding, M., Lehr, H.A., Glimcher, L.H., and Finotto, S. 2008. Protective role of nuclear factor of activated T cells 2 in CD8+ long-lived memory T cells in an allergy model. *The Journal of allergy and clinical immunology* 121:992-999 e996.
95. Corne, J.M., Marshall, C., Smith, S., Schreiber, J., Sanderson, G., Holgate, S.T., and Johnston, S.L. 2002. Frequency, severity, and duration of rhinovirus infections in asthmatic and non-asthmatic individuals: a longitudinal cohort study. *Lancet* 359:831-834.
96. Coyle, A.J., Erard, F., Bertrand, C., Walti, S., Pircher, H., and Le Gros, G. 1995. Virus-specific CD8+ cells can switch to interleukin 5 production and induce airway eosinophilia. *The Journal of experimental medicine* 181:1229-1233.
97. Spinozzi, F., Agea, E., Bistoni, O., Forenza, N., Monaco, A., Bassotti, G., Nicoletti, I., Riccardi, C., Grignani, F., and Bertotto, A. 1996. Increased allergen-specific, steroid-

sensitive gamma delta T cells in bronchoalveolar lavage fluid from patients with asthma. *Annals of internal medicine* 124:223-227.
98. Hahn, Y.S., Taube, C., Jin, N., Takeda, K., Park, J.W., Wands, J.M., Aydintug, M.K., Roark, C.L., Lahn, M., O'Brien, R.L., et al. 2003. V gamma 4+ gamma delta T cells regulate airway hyperreactivity to methacholine in ovalbumin-sensitized and challenged mice. *Journal of immunology* 171:3170-3178.
99. Lahn, M., Kanehiro, A., Takeda, K., Terry, J., Hahn, Y.S., Aydintug, M.K., Konowal, A., Ikuta, K., O'Brien, R.L., Gelfand, E.W., et al. 2002. MHC class I-dependent Vgamma4+ pulmonary T cells regulate alpha beta T cell-independent airway responsiveness. *Proceedings of the National Academy of Sciences of the United States of America* 99:8850-8855.
100. Paul, W. 2003. *Fundamental Immunology*: {Lippincott Williams & Wilkins}.
101. Coffman, R.L., Ohara, J., Bond, M.W., Carty, J., Zlotnik, A., and Paul, W.E. 1986. B cell stimulatory factor-1 enhances the IgE response of lipopolysaccharide-activated B cells. *Journal of immunology* 136:4538-4541.
102. Horowitz, A., Behrens, R.H., Okell, L., Fooks, A.R., and Riley, E.M. 2010. NK cells as effectors of acquired immune responses: effector CD4+ T cell-dependent activation of NK cells following vaccination. *Journal of immunology* 185:2808-2818.
103. Kaiko, G.E., Phipps, S., Angkasekwinai, P., Dong, C., and Foster, P.S. 2010. NK cell deficiency predisposes to viral-induced Th2-type allergic inflammation via epithelial-derived IL-25. *Journal of immunology* 185:4681-4690.
104. Mailliard, R.B., Son, Y.I., Redlinger, R., Coates, P.T., Giermasz, A., Morel, P.A., Storkus, W.J., and Kalinski, P. 2003. Dendritic cells mediate NK cell help for Th1 and CTL responses: two-signal requirement for the induction of NK cell helper function. *Journal of immunology* 171:2366-2373.
105. Akbari, O., Stock, P., Meyer, E., Kronenberg, M., Sidobre, S., Nakayama, T., Taniguchi, M., Grusby, M.J., DeKruyff, R.H., and Umetsu, D.T. 2003. Essential role of NKT cells producing IL-4 and IL-13 in the development of allergen-induced airway hyperreactivity. *Nature medicine* 9:582-588.
106. Michel, M.L., Keller, A.C., Paget, C., Fujio, M., Trottein, F., Savage, P.B., Wong, C.H., Schneider, E., Dy, M., and Leite-de-Moraes, M.C. 2007. Identification of an IL-17-producing NK1.1(neg) iNKT cell population involved in airway neutrophilia. *The Journal of experimental medicine* 204:995-1001.
107. Nagata, Y., Kamijuku, H., Taniguchi, M., Ziegler, S., and Seino, K. 2007. Differential role of thymic stromal lymphopoietin in the induction of airway hyperreactivity and Th2 immune response in antigen-induced asthma with respect to natural killer T cell function. *International archives of allergy and immunology* 144:305-314.
108. Stock, P., Lombardi, V., Kohlrautz, V., and Akbari, O. 2009. Induction of airway hyperreactivity by IL-25 is dependent on a subset of invariant NKT cells expressing IL-17RB. *Journal of immunology* 182:5116-5122.
109. Terashima, A., Watarai, H., Inoue, S., Sekine, E., Nakagawa, R., Hase, K., Iwamura, C., Nakajima, H., Nakayama, T., and Taniguchi, M. 2008. A novel subset of mouse NKT cells bearing the IL-17 receptor B responds to IL-25 and contributes to airway hyperreactivity. *The Journal of experimental medicine* 205:2727-2733.
110. Moro, K., Yamada, T., Tanabe, M., Takeuchi, T., Ikawa, T., Kawamoto, H., Furusawa, J., Ohtani, M., Fujii, H., and Koyasu, S. 2010. Innate production of T(H)2 cytokines by adipose tissue-associated c-Kit(+)Sca-1(+) lymphoid cells. *Nature* 463:540-544.

111. Price, A.E., Liang, H.E., Sullivan, B.M., Reinhardt, R.L., Eisley, C.J., Erle, D.J., and Locksley, R.M. 2010. Systemically dispersed innate IL-13-expressing cells in type 2 immunity. *Proceedings of the National Academy of Sciences of the United States of America* 107:11489-11494.
112. Chang, Y.J., Kim, H.Y., Albacker, L.A., Baumgarth, N., McKenzie, A.N., Smith, D.E., Dekruyff, R.H., and Umetsu, D.T. 2011. Innate lymphoid cells mediate influenza-induced airway hyper-reactivity independently of adaptive immunity. *Nature immunology*.
113. Fort, M.M., Cheung, J., Yen, D., Li, J., Zurawski, S.M., Lo, S., Menon, S., Clifford, T., Hunte, B., Lesley, R., et al. 2001. IL-25 induces IL-4, IL-5, and IL-13 and Th2-associated pathologies in vivo. *Immunity* 15:985-995.
114. Stolarski, B., Kurowska-Stolarska, M., Kewin, P., Xu, D., and Liew, F.Y. 2010. IL-33 exacerbates eosinophil-mediated airway inflammation. *Journal of immunology* 185:3472-3480.
115. Yagami, A., Orihara, K., Morita, H., Futamura, K., Hashimoto, N., Matsumoto, K., Saito, H., and Matsuda, A. 2010. IL-33 mediates inflammatory responses in human lung tissue cells. *Journal of immunology* 185:5743-5750.
116. Neill, D.R., Wong, S.H., Bellosi, A., Flynn, R.J., Daly, M., Langford, T.K., Bucks, C., Kane, C.M., Fallon, P.G., Pannell, R., et al. 2010. Nuocytes represent a new innate effector leukocyte that mediates type-2 immunity. *Nature* 464:1367-1370.
117. Yoshimoto, T., Yasuda, K., Tanaka, H., Nakahira, M., Imai, Y., Fujimori, Y., and Nakanishi, K. 2009. Basophils contribute to T(H)2-IgE responses in vivo via IL-4 production and presentation of peptide-MHC class II complexes to CD4+ T cells. *Nature immunology* 10:706-712.
118. Nakajima, H., Iwamoto, I., Tomoe, S., Matsumura, R., Tomioka, H., Takatsu, K., and Yoshida, S. 1992. CD4+ T-lymphocytes and interleukin-5 mediate antigen-induced eosinophil infiltration into the mouse trachea. *The American review of respiratory disease* 146:374-377.
119. Sibille, Y., and Marchandise, F.X. 1993. Pulmonary immune cells in health and disease: polymorphonuclear neutrophils. *The European respiratory journal : official journal of the European Society for Clinical Respiratory Physiology* 6:1529-1543.
120. Kool, M., Soullie, T., van Nimwegen, M., Willart, M.A., Muskens, F., Jung, S., Hoogsteden, H.C., Hammad, H., and Lambrecht, B.N. 2008. Alum adjuvant boosts adaptive immunity by inducing uric acid and activating inflammatory dendritic cells. *The Journal of experimental medicine* 205:869-882.
121. Lambrecht, B.N., Salomon, B., Klatzmann, D., and Pauwels, R.A. 1998. Dendritic cells are required for the development of chronic eosinophilic airway inflammation in response to inhaled antigen in sensitized mice. *Journal of immunology* 160:4090-4097.
122. Arinobu, Y., Iwasaki, H., and Akashi, K. 2009. Origin of basophils and mast cells. *Allergology international : official journal of the Japanese Society of Allergology* 58:21-28.
123. Galli, S.J., and Tsai, M. 2010. Mast cells in allergy and infection: versatile effector and regulatory cells in innate and adaptive immunity. *European journal of immunology* 40:1843-1851.
124. Forward, N.A., Furlong, S.J., Yang, Y., Lin, T.J., and Hoskin, D.W. 2009. Mast cells down-regulate CD4+CD25+ T regulatory cell suppressor function via histamine H1 receptor interaction. *Journal of immunology* 183:3014-3022.

125. Suarez, C.J., Parker, N.J., and Finn, P.W. 2008. Innate immune mechanism in allergic asthma. *Current allergy and asthma reports* 8:451-459.
126. Borish, L., Aarons, A., Rumbyrt, J., Cvietusa, P., Negri, J., and Wenzel, S. 1996. Interleukin-10 regulation in normal subjects and patients with asthma. *The Journal of allergy and clinical immunology* 97:1288-1296.
127. Larche, M., Robinson, D.S., and Kay, A.B. 2003. The role of T lymphocytes in the pathogenesis of asthma. *The Journal of allergy and clinical immunology* 111:450-463; quiz 464.
128. Levine, S.J., and Wenzel, S.E. 2010. Narrative review: the role of Th2 immune pathway modulation in the treatment of severe asthma and its phenotypes. *Annals of internal medicine* 152:232-237.
129. Song, C., Luo, L., Lei, Z., Li, B., Liang, Z., Liu, G., Li, D., Zhang, G., Huang, B., and Feng, Z.H. 2008. IL-17-producing alveolar macrophages mediate allergic lung inflammation related to asthma. *Journal of immunology* 181:6117-6124.
130. Herbert, C., Scott, M.M., Scruton, K.H., Keogh, R.P., Yuan, K.C., Hsu, K., Siegle, J.S., Tedla, N., Foster, P.S., and Kumar, R.K. 2010. Alveolar macrophages stimulate enhanced cytokine production by pulmonary CD4+ T-lymphocytes in an exacerbation of murine chronic asthma. *The American journal of pathology* 177:1657-1664.
131. Moon, K.A., Kim, S.Y., Kim, T.B., Yun, E.S., Park, C.S., Cho, Y.S., Moon, H.B., and Lee, K.Y. 2007. Allergen-induced CD11b+ CD11c(int) CCR3+ macrophages in the lung promote eosinophilic airway inflammation in a mouse asthma model. *International immunology* 19:1371-1381.
132. Martinez, F.O., Sica, A., Mantovani, A., and Locati, M. 2008. Macrophage activation and polarization. *Frontiers in bioscience : a journal and virtual library* 13:453-461.
133. Triantafyllopoulou, A., Franzke, C.W., Seshan, S.V., Perino, G., Kalliolias, G.D., Ramanujam, M., van Rooijen, N., Davidson, A., and Ivashkiv, L.B. 2010. Proliferative lesions and metalloproteinase activity in murine lupus nephritis mediated by type I interferons and macrophages. *Proceedings of the National Academy of Sciences of the United States of America* 107:3012-3017.
134. Goerdt, S., and Orfanos, C.E. 1999. Other functions, other genes: alternative activation of antigen-presenting cells. *Immunity* 10:137-142.
135. Gordon, S., and Martinez, F.O. 2010. Alternative activation of macrophages: mechanism and functions. *Immunity* 32:593-604.
136. Loke, P., MacDonald, A.S., Robb, A., Maizels, R.M., and Allen, J.E. 2000. Alternatively activated macrophages induced by nematode infection inhibit proliferation via cell-to-cell contact. *European journal of immunology* 30:2669-2678.
137. Pulendran, B., Tang, H., and Manicassamy, S. 2010. Programming dendritic cells to induce T(H)2 and tolerogenic responses. *Nature immunology* 11:647-655.
138. Hartl, D., Koller, B., Mehlhorn, A.T., Reinhardt, D., Nicolai, T., Schendel, D.J., Griese, M., and Krauss-Etschmann, S. 2007. Quantitative and functional impairment of pulmonary CD4+CD25hi regulatory T cells in pediatric asthma. *The Journal of allergy and clinical immunology* 119:1258-1266.
139. Meiler, F., Zumkehr, J., Klunker, S., Ruckert, B., Akdis, C.A., and Akdis, M. 2008. In vivo switch to IL-10-secreting T regulatory cells in high dose allergen exposure. *The Journal of experimental medicine* 205:2887-2898.
140. Radulovic, S., Jacobson, M.R., Durham, S.R., and Nouri-Aria, K.T. 2008. Grass pollen immunotherapy induces Foxp3-expressing CD4+ CD25+ cells in the nasal mucosa. *The Journal of allergy and clinical immunology* 121:1467-1472, 1472 e1461.

141. Seto, Y., Nakajima, H., Suto, A., Shimoda, K., Saito, Y., Nakayama, K.I., and Iwamoto, I. 2003. Enhanced Th2 cell-mediated allergic inflammation in Tyk2-deficient mice. *Journal of immunology* 170:1077-1083.
142. Pichavant, M., Goya, S., Hamelmann, E., Gelfand, E.W., and Umetsu, D.T. 2007. Animal models of airway sensitization. *Current protocols in immunology / edited by John E. Coligan ... [et al.]* Chapter 15:Unit 15 18.
143. Maxeiner, J.H., Karwot, R., Hausding, M., Sauer, K.A., Scholtes, P., and Finotto, S. 2007. A method to enable the investigation of murine bronchial immune cells, their cytokines and mediators. *Nature protocols* 2:105-112.
144. Sauer, K.A., Scholtes, P., Karwot, R., and Finotto, S. 2006. Isolation of CD4+ T cells from murine lungs: a method to analyze ongoing immune responses in the lung. *Nature protocols* 1:2870-2875.
145. Doganci, A., Karwot, R., Maxeiner, J.H., Scholtes, P., Schmitt, E., Neurath, M.F., Lehr, H.A., Ho, I.C., and Finotto, S. 2008. IL-2 receptor beta-chain signaling controls immunosuppressive CD4+ T cells in the draining lymph nodes and lung during allergic airway inflammation in vivo. *Journal of immunology* 181:1917-1926.
146. Chang, S.H., and Dong, C. 2007. A novel heterodimeric cytokine consisting of IL-17 and IL-17F regulates inflammatory responses. *Cell research* 17:435-440.
147. Reddy, S.A., Huang, J.H., and Liao, W.S. 1997. Phosphatidylinositol 3-kinase in interleukin 1 signaling. Physical interaction with the interleukin 1 receptor and requirement in NFkappaB and AP-1 activation. *The Journal of biological chemistry* 272:29167-29173.
148. Doganci, A., Eigenbrod, T., Krug, N., De Sanctis, G.T., Hausding, M., Erpenbeck, V.J., Haddad el, B., Lehr, H.A., Schmitt, E., Bopp, T., et al. 2005. The IL-6R alpha chain controls lung CD4+CD25+ Treg development and function during allergic airway inflammation in vivo. *The Journal of clinical investigation* 115:313-325.
149. Finotto, S., De Sanctis, G.T., Lehr, H.A., Herz, U., Buerke, M., Schipp, M., Bartsch, B., Atreya, R., Schmitt, E., Galle, P.R., et al. 2001. Treatment of allergic airway inflammation and hyperresponsiveness by antisense-induced local blockade of GATA-3 expression. *The Journal of experimental medicine* 193:1247-1260.
150. Hausding, M., Karwot, R., Scholtes, P., Lehr, H.A., Wegmann, M., Renz, H., Galle, P.R., Birkenbach, M., Neurath, M.F., Blumberg, R.S., et al. 2007. Lung CD11c+ cells from mice deficient in Epstein-Barr virus-induced gene 3 (EBI-3) prevent airway hyper-responsiveness in experimental asthma. *European journal of immunology* 37:1663-1677.
151. Hershey, G.K. 2003. IL-13 receptors and signaling pathways: an evolving web. *The Journal of allergy and clinical immunology* 111:677-690; quiz 691.
152. Sonoda, Y., Arai, N., and Ogawa, M. 1989. Humoral regulation of eosinophilopoiesis in vitro: analysis of the targets of interleukin-3, granulocyte/macrophage colony-stimulating factor (GM-CSF), and interleukin-5. *Leukemia : official journal of the Leukemia Society of America, Leukemia Research Fund, U.K* 3:14-18.
153. Yamaguchi, Y., Hayashi, Y., Sugama, Y., Miura, Y., Kasahara, T., Kitamura, S., Torisu, M., Mita, S., Tominaga, A., and Takatsu, K. 1988. Highly purified murine interleukin 5 (IL-5) stimulates eosinophil function and prolongs in vitro survival. IL-5 as an eosinophil chemotactic factor. *The Journal of experimental medicine* 167:1737-1742.

154. Linehan, L.A., Warren, W.D., Thompson, P.A., Grusby, M.J., and Berton, M.T. 1998. STAT6 is required for IL-4-induced germline Ig gene transcription and switch recombination. *Journal of immunology* 161:302-310.
155. Stritesky, G.L., Muthukrishnan, R., Sehra, S., Goswami, R., Pham, D., Travers, J., Nguyen, E.T., Levy, D.E., and Kaplan, M.H. 2011. The transcription factor STAT3 is required for T helper 2 cell development. *Immunity* 34:39-49.
156. Wynn, T.A. 2003. IL-13 effector functions. *Annual review of immunology* 21:425-456.
157. Huang, T.J., MacAry, P.A., Eynott, P., Moussavi, A., Daniel, K.C., Askenase, P.W., Kemeny, D.M., and Chung, K.F. 2001. Allergen-specific Th1 cells counteract efferent Th2 cell-dependent bronchial hyperresponsiveness and eosinophilic inflammation partly via IFN-gamma. *Journal of immunology* 166:207-217.
158. Hayashi, N., Yoshimoto, T., Izuhara, K., Matsui, K., Tanaka, T., and Nakanishi, K. 2007. T helper 1 cells stimulated with ovalbumin and IL-18 induce airway hyperresponsiveness and lung fibrosis by IFN-gamma and IL-13 production. *Proceedings of the National Academy of Sciences of the United States of America* 104:14765-14770.
159. Li, J.J., Wang, W., Baines, K.J., Bowden, N.A., Hansbro, P.M., Gibson, P.G., Kumar, R.K., Foster, P.S., and Yang, M. 2010. IL-27/IFN-gamma induce MyD88-dependent steroid-resistant airway hyperresponsiveness by inhibiting glucocorticoid signaling in macrophages. *Journal of immunology* 185:4401-4409.
160. Nakanishi, K., Tsutsui, H., and Yoshimoto, T. 2010. Importance of IL-18-induced super Th1 cells for the development of allergic inflammation. *Allergology international : official journal of the Japanese Society of Allergology* 59:137-141.
161. Szabo, S.J., Kim, S.T., Costa, G.L., Zhang, X., Fathman, C.G., and Glimcher, L.H. 2000. A novel transcription factor, T-bet, directs Th1 lineage commitment. *Cell* 100:655-669.
162. Tagaya, Y., Burton, J.D., Miyamoto, Y., and Waldmann, T.A. 1996. Identification of a novel receptor/signal transduction pathway for IL-15/T in mast cells. *The EMBO journal* 15:4928-4939.
163. Akdis, C.A., and Akdis, M. 2009. Mechanisms and treatment of allergic disease in the big picture of regulatory T cells. *The Journal of allergy and clinical immunology* 123:735-746; quiz 747-738.
164. Caretto, D., Katzman, S.D., Villarino, A.V., Gallo, E., and Abbas, A.K. 2010. Cutting edge: the Th1 response inhibits the generation of peripheral regulatory T cells. *Journal of immunology* 184:30-34.
165. Pot, C., Jin, H., Awasthi, A., Liu, S.M., Lai, C.Y., Madan, R., Sharpe, A.H., Karp, C.L., Miaw, S.C., Ho, I.C., et al. 2009. Cutting edge: IL-27 induces the transcription factor c-Maf, cytokine IL-21, and the costimulatory receptor ICOS that coordinately act together to promote differentiation of IL-10-producing Tr1 cells. *Journal of immunology* 183:797-801.
166. Grutz, G. 2005. New insights into the molecular mechanism of interleukin-10-mediated immunosuppression. *Journal of leukocyte biology* 77:3-15.
167. Bang, B.R., Chun, E.Y., Shim, E.J., Lee, H.S., Lee, S.Y., Cho, S.H., Min, K.U., Kim, Y.Y., and Park, H.W. 2011. Alveolar macrophages modulate allergic inflammation in a murine model of asthma. *Experimental & molecular medicine* 43:275-280.
168. Rossato, M., Cencig, S., Gasperini, S., Cassatella, M.A., and Bazzoni, F. 2007. IL-10 modulates cytokine gene transcription by protein synthesis-independent and dependent

mechanisms in lipopolysaccharide-treated neutrophils. *European journal of immunology* 37:3176-3189.
169. Nocentini, G., Cuzzocrea, S., Bianchini, R., Mazzon, E., and Riccardi, C. 2007. Modulation of acute and chronic inflammation of the lung by GITR and its ligand. *Annals of the New York Academy of Sciences* 1107:380-391.
170. Shevach, E.M., and Stephens, G.L. 2006. The GITR-GITRL interaction: co-stimulation or contrasuppression of regulatory activity? *Nature reviews. Immunology* 6:613-618.
171. Hwang, E.S. 2010. Transcriptional regulation of T helper 17 cell differentiation. *Yonsei medical journal* 51:484-491.
172. Elmayan, T., Adenot, X., Gissot, L., Lauressergues, D., Gy, I., and Vaucheret, H. 2009. A neomorphic sgs3 allele stabilizing miRNA cleavage products reveals that SGS3 acts as a homodimer. *The FEBS journal* 276:835-844.
173. Liang, S.C., Long, A.J., Bennett, F., Whitters, M.J., Karim, R., Collins, M., Goldman, S.J., Dunussi-Joannopoulos, K., Williams, C.M., Wright, J.F., et al. 2007. An IL-17F/A heterodimer protein is produced by mouse Th17 cells and induces airway neutrophil recruitment. *Journal of immunology* 179:7791-7799.
174. Linden, A., Hoshino, H., and Laan, M. 2000. Airway neutrophils and interleukin-17. *The European respiratory journal : official journal of the European Society for Clinical Respiratory Physiology* 15:973-977.
175. Al Khatib, S., Keles, S., Garcia-Lloret, M., Karakoc-Aydiner, E., Reisli, I., Artac, H., Camcioglu, Y., Cokugras, H., Somer, A., Kutukculer, N., et al. 2009. Defects along the T(H)17 differentiation pathway underlie genetically distinct forms of the hyper IgE syndrome. *The Journal of allergy and clinical immunology* 124:342-348, 348 e341-345.
176. Maruyama, T., Li, J., Vaque, J.P., Konkel, J.E., Wang, W., Zhang, B., Zhang, P., Zamarron, B.F., Yu, D., Wu, Y., et al. 2011. Control of the differentiation of regulatory T cells and T(H)17 cells by the DNA-binding inhibitor Id3. *Nature immunology* 12:86-95.
177. Fantini, M.C., Rizzo, A., Fina, D., Caruso, R., Becker, C., Neurath, M.F., Macdonald, T.T., Pallone, F., and Monteleone, G. 2007. IL-21 regulates experimental colitis by modulating the balance between Treg and Th17 cells. *European journal of immunology* 37:3155-3163.
178. Lalor, S.J., Dungan, L.S., Sutton, C.E., Basdeo, S.A., Fletcher, J.M., and Mills, K.H. 2011. Caspase-1-processed cytokines IL-1beta and IL-18 promote IL-17 production by gammadelta and CD4 T cells that mediate autoimmunity. *Journal of immunology* 186:5738-5748.
179. Hernandez, A., Omini, C., and Daffonchio, L. 1991. Interleukin-1 beta: a possible mediator of lung inflammation and airway hyperreactivity. *Pharmacological research : the official journal of the Italian Pharmacological Society* 24:385-393.
180. Hsu, L.C., Enzler, T., Seita, J., Timmer, A.M., Lee, C.Y., Lai, T.Y., Yu, G.Y., Lai, L.C., Temkin, V., Sinzig, U., et al. 2011. IL-1beta-driven neutrophilia preserves antibacterial defense in the absence of the kinase IKKbeta. *Nature immunology* 12:144-150.
181. Jedrzkiewicz, S., Nakamura, H., Silverman, E.S., Luster, A.D., Mansharamani, N., In, K.H., Tamura, G., and Lilly, C.M. 2000. IL-1beta induces eotaxin gene transcription in A549 airway epithelial cells through NF-kappaB. *American journal of physiology. Lung cellular and molecular physiology* 279:L1058-1065.

182. Yang, X.P., Ghoreschi, K., Steward-Tharp, S.M., Rodriguez-Canales, J., Zhu, J., Grainger, J.R., Hirahara, K., Sun, H.W., Wei, L., Vahedi, G., et al. 2011. Opposing regulation of the locus encoding IL-17 through direct, reciprocal actions of STAT3 and STAT5. *Nature immunology* 12:247-254.

Abdruckgenehmigung:

*Abbildung 2-1*: Abgedruckt aus Biochemical Pharmacology, 72 (11), Haan C et al., Jaks and cytokine receptors—An intimate relationship, 1538-46, Copyright 2006, mit Erlaubnis von Elsevier.

*Abbildung 2-2*: Abgedruckt aus Seminars in Cell & Developmental Biology, 19 (4), Vainchenker et al., JAKs in pathology: Role of Janus kinases in hematopoietic malignancies and immunodeficiencies, 385-93, Copyright 2008, mit Erlaubnis von Elsevier.

*Abbildung 2-3*: Abgedruckt aus Cell, 109 (2), O'Shea et al., Cytokine Signaling in 2002: New Surprises in the Jak/Stat Pathway, S121-31, Copyright 2002, mit Erlaubnis von Elsevier."

*Abbildung 2-5*: Abgedruckt mit Erlaubnis von Macmillan Publishers Ltd: [Nature Reviews Immunology] Functions of T cells in asthma: more than just $T_H2$ cells, copyright 2010.

*Abbildung 2-6*: Abgedruckt mit Erlaubnis von Macmillan Publishers Ltd: [Nature Reviews Immunology] Functions of T cells in asthma: more than just $T_H2$ cells, copyright 2010.

*Abbildung 2-7*: Abgedruckt mit Erlaubnis von Macmillan Publishers Ltd: [Nature Reviews Immunology] (How are $T_H2$-type immune responses initiated and amplified?), copyright 2010.

*Abbildung 2-8:* Abgedruckt aus Biochimica et Biophysica Acta (BBA) - General Subject, 1810 (11), Aujla SJ & Alcorn JF, $T_H17$ cells in asthma and inflammation, 1066-79, Copyright 2011, mit Erlaubnis von Elsevier.

*Abbildung 2-9*: Abgedruckt mit Erlaubnis von Macmillan Publishers Ltd: [Nature Immunology] Programming dendritic cells to induce $T_H2$ and tolerogenic responses, copyright 2010.

*Abbildung 4-1*: aus "Animal models of airway sensitization", Curr Protoc Immunol. 2007 Nov; Chapter 15:Unit 15.18. Dieses Material wird abgedruckt mit Genehmigung von "Current Protocols" and John Wiley & Sons, Inc.

*Abbildung 4-3*: aus "Animal models of airway sensitization", Curr Protoc Immunol. 2007 Nov; Chapter 15:Unit 15.18. Dieses Material wird abgedruckt mit Genehmigung von "Current Protocols" and John Wiley & Sons, Inc.

# 9 ABBILDUNGSVERZEICHNIS

**Abbildung 4-1** Aufbau der Januskinasen .................................................................... 5
**Abbildung 4-2** Übersicht über die beteiligten Januskinasen bei der Signaltransduktion hämatopoetischer Zytokine ............................................................................ 6
**Abbildung 4-3** Schematische Darstellung der positiven und negativen Regulation des JAK-STAT-Signalweges ................................................................................ 7
**Abbildung 4-4** Vergleich asthmatischer und gesunder Bronchien. Oben: gesunder Bronchiolus; unten: asthmatischer Bronchiolus ........................................... 11
**Abbildung 4-5** Überblick über die Zelltypen und Abläufe bei der Pathogenese von Asthma bronchiale ....................................................................................... 13
**Abbildung 4-6** Überblick über die für die Entstehung allergischer Erkrankungen relevanten Populationen der T-Lymphozyten sowie der für die Differenzierung entscheidenden Zytokine und Transkriptionsfaktoren ................................. 14
**Abbildung 4-7** Überblick über die Induktion der Th2-Differenzierung ................... 15
**Abbildung 4-8** Der IL-17A-Signalweg. ..................................................................... 18
**Abbildung 4-9** Überblick über die Interaktionen zwischen den verschiedenen Zelltypen der Lunge bei der Induktion der Th2-Immunantwort ................................... 27
**Abbildung 6-1** Aufbau eines invasiven Systems der Firma Buxco ........................... 37
**Abbildung 6-2** Diagramm zum Verlauf der Atmung ................................................ 38
**Abbildung 6-3** Aufbau eines nicht-invasiven Ganzkörperplethysmographen der Firma Buxco. .............................................................................................................. 38
**Abbildung 6-4** Typisches Ergebnis einer Schmelzkurvenanalyse. ........................... 51
**Abbildung 6-5** Beispielhafte Darstellung eines so genannten "Amplification plots" einer qPCR. ........................................................................................................... 53
**Abbildung 6-6** Schematische Darstellung des Sandwich-ELISA ............................ 54
**Abbildung 7-1** Tyk2 beeinflusst die Ausbildung der AHR nicht. ............................ 60
**Abbildung 7-2** Tyk2 beeinflusst die Ausprägung der allergischen Entzündung positiv.. ....... 61
**Abbildung 7-3** Tyk2-Defizienz reduziert die Zahl Mukus-produzierender Zellen. ... 62
**Abbildung 7-4** Tyk2 beeinflusst die Ausprägung der allergischen Entzündung positiv. ....... 63
**Abbildung 7-5** OVA induziert die Ansammlung von eosinophilen Granulozyten in der Lunge. .......................................................................................................... 64
**Abbildung 7-6** Tyk2-Defizienz induziert die Sekretion von IgE. ............................ 65
**Abbildung 7-7** Die Behandlung mit OVA induziert die Produktion von IgG$_1$ ....... 66
**Abbildung 7-8** Durch die Behandlung mit OVA reduziert sich die IgG$_{2a}$-Produktion ....... 66
**Abbildung 7-9** Tyk2-Defizienz führt zu erhöhter Produktion von Th2-Zytokinen. ... 68
**Abbildung 7-10** Tyk2 ist wichtig für die Induktion der IFNγ-Produktion in CD4$^+$-T-Lymphozyten. ......................................................................... 69
**Abbildung 7-11** Die Behandlung mit OVA reduziert die Expression von Tbet in beiden Mausstämmen. ............................................................................................. 69
**Abbildung 7-12** Tyk2-Defizienz regt die Produktion von IL-9 an. .......................... 70
**Abbildung 7-13** Der Transkriptionsfaktor PU.1 wird durch die Abwesenheit von Tyk2 induziert. ..................................................................................................... 70

**Abbildung 7-14** Tyk2-Defizienz führt zu erhöhter IL-3-Produktion nach Allergen-Behandlung. ............ 71
**Abbildung 7-15** Tyk2-Defizienz fördert die Akkumulation von Mastzellen in der Lunge. ... 72
**Abbildung 7-16** Tyk2-Defizienz hat keinen Einfluss auf die Anzahl der $T_{reg}$ nach OVA-Gabe.. ............ 73
**Abbildung 7-17** Die Behandlung mit OVA führt zu einer reduzierten Foxp3-Expression. ... 74
**Abbildung 7-18** Der Einfluss von Tyk2 auf die IL-10-Produktion ist antigen-abhängig. ...... 75
**Abbildung 7-19** Tyk2-Defizenz induziert GITR-Expression auf $CD4^+$-T-Lymphozyten. ..... 76
**Abbildung 7-20** Tyk2 reduziert die Anzahl $GITR^+$-$T_{reg}$. ............ 77
**Abbildung 7-21** Die Behandlung mit anti-GITR reduziert die Anzahl regulatorischer T-Lymphozyten. ............ 78
**Abbildung 7-22** Die Behandlung mit anti-GITR induziert die IL-4-Produktion und reduziert die IL-17A-Produktion. ............ 79
**Abbildung 7-23** Anti-GITR-Behandlung führt bei Tyk2-defizienten Mäusen zu einer Reduktion der $CD4^+CD25^{hi}Foxp3^+GITR^+$-$T_{reg}$. ............ 80
**Abbildung 7-24** Naive T-Lymphozyten aus Tyk2-defizienten Mäusen produzieren weniger IL-17A nach Th17 Skewing. ............ 81
**Abbildung 7-25** Tyk2 beeinflusst die Sekretion Th17-induzierender Zytokine in unterschiedlicher Weise. ............ 82
**Abbildung 7-26** Der Einfluss von Tyk2 auf die IL-23-Produktion ist antigen-abhängig. ...... 83
**Abbildung 7-27** Tyk2 inhibiert die Produktion von IL-6 und IL-21 in einem murinen Modell allergischen Asthmas. ............ 84
**Abbildung 7-28** Tyk2 induziert die Produktion von IL-17A in $CD4^+$-Lymphozyten. ........... 85
**Abbildung 7-29** Tyk2-Defizienz beeinflusst auch die IL-17F-Produktion, die Sekretion von IL-17AF wird hingegen antigen-abhängig reguliert. ............ 86
**Abbildung 7-30** Die Behandlung mit OVA führt zu einer reduzierten RORγt-Expression.... 87
**Abbildung 7-31** Tyk2 beeinflusst die Expression von STAT3 nicht. ............ 88
**Abbildung 7-32** IRF4 mRNA-Expression ist bei Tyk2-Defizienz antigen-abhängig, die BATF-Expression hingegen nicht. ............ 89
**Abbildung 7-33** Tyk2 inhibiert die Expression von SOCS3 nach Allergen-Behandlung. ..... 90
**Abbildung 7-34** IL-17A induziert die Atemwegshyperreagibilität. ............ 91
**Abbildung 7-35** Rekombinantes IL-17A erhöht die Anzahl neutrophiler Granulozyten ....... 92
**Abbildung 7-36** Die Gabe von IL 17A hat keinen Einfluss auf die Ausbildung der Entzündung der Atemwege. ............ 93
**Abbildung 7-37** Rekombinantes IL-17A hat keinen Einfluss auf die IgE-Produktion nach Allergenbehandlung. ............ 94
**Abbildung 7-38** Die Behandlung mit IL-17A reduziert die Produktion von Th2- und Th9-Zytokinen. ............ 95
**Abbildung 7-39** Die Expression von SOCS3 wird durch rekombinantes IL-17A induziert... 96
**Abbildung 7-40** IL-17A reduziert die Anzahl regulatorischer T-Lymphozyten. ............ 97
**Abbildung 7-41** IL-1β induziert die IL-17A-Produktion. ............ 98
**Abbildung 7-42** IL-1β induziert die Atemwegshyperreagibilität. ............ 99
**Abbildung 7-43** IL-1β hat nur einen geringen Effekt auf den Anteil der eosinophilen Granulozyten. ............ 100
**Abbildung 7-44** IL-1β induziert die Entstehung der bronchialen Inflammation.. ............ 101
**Abbildung 7-45** Die IgE-Konzentration nimmt durch die Gabe von IL-1β zu. ............ 102
**Abbildung 7-46** IL-1β hat keinen Einfluss auf die IL-4-Produktion Tyk2-defizienter Mäuse.. ............ 102

**Abbildung 7-47** IL-1β induziert die Produktion von IL-17A. ............................................. 103
**Abbildung 7-48** IL-1β erhöht die Expression des IL-17R auf CD4$^+$-T-Lymphozyten......... 104
**Abbildung 7-49** IL-1β induziert Zytokine, die die Th17-Entwicklung fördern.................... 105
**Abbildung 7-50** IL-1β führt zu einer reduzierten Expression verschiedener
 Transkriptionsfaktoren............................................................................. 107

# 10 TABELLENVERZEICHNIS

**Tabelle 4-1** Übersicht über die Zytokine an deren Signaltransduktion Tyk2 beteiligt ist ......... 7
**Tabelle 6-1** Laborgeräte .................................................................................................. 31
**Tabelle 6-2** Verbrauchsmaterialien ................................................................................. 32
**Tabelle 6-3** Chemikalien ................................................................................................. 32
**Tabelle 6-4** Kits für ELISA ............................................................................................. 34
**Tabelle 6-5** Verwendete Antikörper und Zytokine .......................................................... 34
**Tabelle 6-6** Verwendete Antikörper für die durchflusszytometrische Analyse .............. 34
**Tabelle 6-7** Ansatz des Verdaupuffers für eine Ohrbiopsie ............................................ 35
**Tabelle 6-8** Zusammensetzung PCR-Puffer .................................................................... 36
**Tabelle 6-9** Verwendete Primer für Genotypisierung ..................................................... 36
**Tabelle 6-10** Zusammensetzung TAE-Puffer .................................................................. 36
**Tabelle 6-11** Puffer für Gesamtzellisolation ................................................................... 40
**Tabelle 6-12** Zusammensetzung Zellkulturmedium ....................................................... 42
**Tabelle 6-13** Konditionen des Th17 Skewings ............................................................... 43
**Tabelle 6-14** Zusammensetzung Lysepuffer (pro Probe) ............................................... 44
**Tabelle 6-15** Puffer für Trenn- und Sammelgel für SDS-PAGE .................................... 46
**Tabelle 6-16** Zusammensetzung Puffer für SDS-PAGE ................................................ 46
**Tabelle 6-17** Zusammensetzung Transferpuffer (pH 8,1) .............................................. 47
**Tabelle 6-18** Zusammensetzung TBS-T (pH 7,6) .......................................................... 47
**Tabelle 6-19** Eingesetzte Verdünnungen der verwendeten Antikörper .......................... 48
**Tabelle 6-20** Verwendete Primer für qPCR .................................................................... 52
**Tabelle 6-21** Zusammensetzung Master-Mix für qPCR (pro Probe) .............................. 51
**Tabelle 6-22** Ablauf der qPCR ........................................................................................ 52
**Tabelle 6-23** Coating-Puffer für die jeweiligen Zytokine ............................................... 55
**Tabelle 6-24** Zusammensetzung Puffer für ELISA ........................................................ 55
**Tabelle 6-25** Übersicht über die verwendeten Fluorochrome ......................................... 56

# 11 EIGENE PUBLIKATIONEN

Hausding, M., Tepe, M., **Übel, C.**, Lehr, H.A., Röhrig, B., Höhn, Y., Pautz, A., Eigenbrod, T., Anke, T., Kleinert, H., Erkel, G., Finotto, S.: „Induction of tolerogenic lung $CD4^+$ T cells by local treatment with a STAT-3 and STAT-5 inhibitor ameliorated experimental allergic asthma", *Int Immunol.* 2011 Jan;23(1):1-15. Epub 2010 Dec 6.

Koltsida, O., Hausding, M., Stavropoulos, A., Koch, S., Tzelepis, G., **Übel, C.**, Kotenko, S.V., Sideras, P., Lehr, H.A., Tepe, M., Klucher, K.M., Doyle, S.E., Neurath, M.F., Finotto, S., Andreakos, E.:"IL-28A (IFN-λ2) modulates lung DC function to promote Th1 immune skewing and suppress allergic airway disease", *EMBO Mol Med.* 2011 Jun;3(6):348-61. doi: 10.1002/emmm.201100142. Epub 2011 May 3.

Diabaté, S., Bergfeldt, B., Plaumann, D., **Übel, C.**, Weiss, C.: "Anti-oxidative and inflammatory responses induced by fly ash particles and carbon black in lung epithelial cells", *Anal Bioanal Chem*, 2011 May 28. [Epub ahead of print]

Karwot, R., **Übel, C.**, Bopp, T., Schmitt, E., Lehr, H.-A., Finotto, S.: "Increased immunosuppressive function of $CD4^+CD25^+Foxp-3^+GITR^+$ T regulatory cells from $NFATc2^{(-/-)}$ mice controls allergen-induced experimental asthma", eingereicht

**Übel, C.**, Brandl, C., Rieker, R., Lehr, H.-A., Finotto, S.: „Central role of IL-1β in Th17 induction and IL-21 on T regulatory cells in the absence of Tyk2 in a murine model of allergic asthma", eingereicht

**Übel, C.**, Hildner, K., Brandl, C., Rieker, R., Lehr, H.-A., Murphy, K. Finotto, S.: „Pathogenetic role of BATF in experimental allergic asthma", in Vorbereitung

# i want morebooks!

Buy your books fast and straightforward online - at one of world's fastest growing online book stores! Environmentally sound due to Print-on-Demand technologies.

## Buy your books online at
## www.get-morebooks.com

Kaufen Sie Ihre Bücher schnell und unkompliziert online – auf einer der am schnellsten wachsenden Buchhandelsplattformen weltweit! Dank Print-On-Demand umwelt- und ressourcenschonend produziert.

## Bücher schneller online kaufen
## www.morebooks.de

VDM Verlagsservicegesellschaft mbH
Heinrich-Böcking-Str. 6-8        Telefon: +49 681 3720 174        info@vdm-vsg.de
D - 66121 Saarbrücken            Telefax: +49 681 3720 1749       www.vdm-vsg.de

Printed by Books on Demand GmbH, Norderstedt / Germany